COMPAGNIE GÉNÉRALE

DES

CINÉMATOGRAPHES

PHONOGR

ET

PELLICULES

98, rue Richelieu, 98 — 26, boulevard des Italiens, 26

PARIS

Extrait du Prix-Courant N° 1

ET

RÉPERTOIRE

DES

Cylindres enregistrés

A L'USAGE DES

FAMILLES & INSTITUTIONS

ANCIENS ÉTABLISSEMENTS

PATHÉ FRÈRES

ANNÉE 1899

COMPAGNIE GÉNÉRALE

DES

CINÉMATOGRAPHES

PHONOGRAPHES

ET

PELLICULES

98, rue Richelieu, 98 — 26, boulevard des Italiens, 26

PARIS

Extrait du Prix-Courant N° 1

ET

RÉPERTOIRE

DES

Cylindres enregistrés

A L'USAGE DES

FAMILLES & INSTITUTIONS

ANCIENS ÉTABLISSEMENTS

PATHÉ FRÈRES.

ANNÉE 1899

Le Phonographe à ses Amis!

SONNET

Vous qui chantez des refrains innocents
Que votre voix s'unisse à mes accents !
Et toi, jeunesse à l'âme si craintive,
Prête l'oreille à ma fable naïve.

Vous qu'enveloppe un nuage d'encens,
Je viens aider vos hymnes frémissants ;
Vous qui souffrez dans votre ruche active,
Je vous apporte une allégresse vive.

Pour l'écolier qu'horripile Boileau
Je mets en scène ou Tartufe ou l'Avare,
Ou de Rostand le Cyrano bizarre.

Au candidat qui sèche au noir tableau
Je dis un mot à l'insu de Combette [1] :
De tous je suis l'ami que l'on souhaite.

F. S.

Marque de Fabrique déposée

(1) Examinateur bien connu à Paris.

Table alphabétique de la 1ʳᵉ Partie

PRÉFACE DES DIRECTEURS

de la Compagnie générale des Cinématographes, Phonographes et Pellicules

Aujourd'hui tout le monde connaît le Phonographe, ce merveilleux confident qui recueille et traduit nos joies et nos peines, nos
pensées et nos affections et qui est l'auxiliaire aimable de nos fêtes,
de nos œuvres et de nos travaux.

Cet appareil est, sans contredit, la plus étonnante création de
l'ingéniosité humaine au XIXᵉ siècle. Communiquer à une
substance inerte, un cœur, une âme, une voix ; lui infuser en
quelque sorte l'essence même de l'être vivant et raisonnable ; faire
mentir le fameux « *Verba volant* » des anciens, tel est l'incompa-
rable résultat obtenu pour la première fois en 1877, par un
Français trop oublié, Charles Cros, le précurseur malheureux
d'Edison (1).

Puisque la France peut revendiquer, sans la moindre injustice,
l'honneur d'avoir vu naître ce mystérieux enfant de la science, il
faut que tout Français dispute à l'étranger au moins le précieux
avantage de bénéficier d'une invention nationale dont la place est
nécessairement marquée dans tous les milieux d'éducation :
**familles, écoles, cercles, patronages, assemblées scien-
tifiques, salons littéraires, académies provinciales, etc.**

Oui, tout le monde doit avoir un Phonographe, mais un Phonographe de France. Le missionnaire et le soldat l'ont déjà introduit
dans les contrées les plus lointaines : le Tonkin, le Dahomey,
Madagascar et dernièrement la Patagonie ont applaudi la voix de
nos meilleurs artistes et les refrains du beau pays de France.
Bientôt tout l'univers prêtera l'oreille aux échos joyeux de la gaieté
gauloise, partout on bénira le nom et les grandeurs d'une nation
qui commande si hautement l'estime et la reconnaissance de tous
les peuples. Nos invités à la manifestation aussi pacifique que

---

(1) Personne avant M. Charles Cros n'avait songé à faire revivre les bruits éteints et les voix
mortes, c'est-à-dire à faire un appareil capable de reproduire les sons en les gravant avec un
diaphragme.

Ce chercheur avait donné le nom de *Paléophone* (voix du passé) à son invention et, le
30 avril 1877, il déposait à l'Académie des Sciences un pli cacheté qui fut lu en séance publique le
3 décembre suivant. Après avoir indiqué que son procédé consistait à obtenir le va-et-vient d'une
membrane vibrante et de se servir de ce tracé pour reproduire le même va-et-vient avec ses
relations de durée et d'intensité ; **Charles Cros** ajoutait que la forme cylindrique de l'appareil
récepteur permettant l'inscription graphique des vibrations suivant une hélice à spires *très serrées*,
lui semblait devoir être la plus pratique.

Le 10 octobre 1877, la *Semaine du Clergé* avait donné un article très étudié sur l'invention de
Charles Cros, sous la signature de l'abbé **Leblanc**.

Or, ce n'est que le 15 janvier 1878 (huit mois et demi après le dépôt du pli cacheté de
Charles Cros à l'Académie des Sciences et six semaines après l'ouverture de ce pli) qu'Edison
déposait son premier brevet à feuille d'étain. Le **Phonographe** est donc une **invention Française.**

prodigieuse de 1900, nous apporterons de solennels témoignages d'attachement et d'admiration, cris sublimes que le Phonographe se plaira à enregistrer et à reproduire avec un légitime orgueil.

Mais si chacun réclame l'orateur, l'artiste, le virtuose même qui sera certainement le clou d'or de la prochaine exposition universelle, chacun aussi a le droit d'exiger de lui une attitude, un langage, des accents conformes au goût parfait de la bonne société. Si merveilleux que puisse être le Phonographe, une faculté lui manquera toujours, celle, hélas! qui n'est pas le trait caractéristique de notre fin de siècle, nous voulons dire : **la volonté**. Le Phonographe est bien **l'enfant du génie**, mais c'est un enfant qui dit, qui répète à son insu tout ce qu'il entend. Comme tant de babys précoces, il peut être **un enfant terrible!**

Ce danger, la Société des **Cinématographes, Phonographes et Pellicules** vient de l'écarter en remaniant le programme d'éducation qui convient à ses beaux appareils. Aussi, croit-elle répondre heureusement aux mille suppliques qu'elle a reçues en offrant au public le

RÉPERTOIRE CHOISI

A L'USAGE

des Familles et des Institutions

dans lequel rien, mais absolument rien ne pourra heurter l'oreille la plus sensible, ni gêner la conscience la plus timorée.

Le Phonographe en Voyage

Ah! quel plaisir de parcourir le monde
Sur un navire où l'allégresse abonde!

CONDITIONS GÉNÉRALES DE VENTE

RÉDACTION DES COMMANDES

Indiquer dans chaque commande le *numéro* d'ordre de chaque article ainsi que le *nom* exact de l'objet.

Nous tenons à la disposition de nos clients des bons de commandes imprimés et réglés.

Les prix indiqués sont pour des marchandises prises et payables à Paris. (*Nos traites n'opèrent ni novation ni dérogation à cette clause attributive de juridiction*), et toutes contestations seront jugées par les tribunaux de Paris.

FRAIS D'EMBALLAGE

Les frais d'emballage, le transport et la douane ainsi que tous les frais et risques de route, sont à la charge du client.

L'emballage étant fait avec le plus grand soin, nous ne pouvons accepter aucune responsabilité pour avaries ou casse pendant le trajet, le client est prié de *vérifier les envois* en présence de l'employé du chemin de fer et de faire ses réserves s'il y a lieu, **avant de signer** la feuille du livreur.

MODE DE PAIEMENT

Les personnes qui n'ont pas de compte ouvert à la maison, sont priées de joindre le montant à leur première commande, autrement elle sera expédiée contre remboursement.

Le règlement des comptes se fait par nos traites à trente jours, *aucun escompte* n'est accordé en dehors de la remise convenue, les centimes sont exigibles.

MODE D'EXPÉDITION

Les clients sont priés de nous indiquer dans chaque commande le mode d'envoi; à défaut, la maison fera l'expédition de la façon qui lui paraîtra la plus économique sans qu'elle veuille assumer aucune responsabilité de ce chef, ni admettre aucune réclamation concernant le transport.

En principe, les envois au-dessous de 10 kilos sont expédiés en grande vitesse, petits colis et colis postaux (suivant poids et distance).

Pour les colis postaux en grande vitesse, nous indiquer ceux dès articles qui pourraient être supprimés en totalité ou en partie, si leur poids dépassait 3, 5 ou 10 kilos, emballage compris ou nous dire si nous devons, au besoin, faire deux colis.

Nos envois par poste se font **toujours** aux risques et périls du destinataire, la poste ne les recevant que sans responsabilité.

Pour les localités non desservies par le chemin de fer, il est utile de nous indiquer par quelle voie nous devons faire passer les colis et le nom de la **gare correspondante.**

Les conditions ci-dessus sont pour les ventes expédiées en France.

Nous ne faisons d'envois à l'Étranger qu'après avoir reçu le montant de la commande en **monnaie ou valeur ayant cours en France.**

AVIS TRÈS IMPORTANTS

1° Lorsque, dans une commande, figurent soit des articles *spéciaux* dont la fabrication demande un certain temps, soit des articles *momentanément épuisés*, nous les réservons pour un envoi suivant et expédions le reste, **sauf avis contraire.**

2° **Aucune indemnité** ne pourra être réclamée pour retard dans le cas où les articles demandés ne se trouveraient pas en magasin ou devraient être faits spécialement.

Tant que la commande n'aura pas été annulée, le client sera tenu d'en prendre livraison.

3° Les articles **commandés spécialement** seront livrés d'office et ne pourront **pas être repris** par la maison.

Les emballages ne sont pas repris, sauf conventions spéciales.

4° Toute réclamation, pour être valable, devra nous parvenir dans la huitaine de la livraison.

5° Les retours doivent être *expédiés franco* et annoncés par une lettre spéciale indiquant exactement la nature des objets retournés et le motif du retour.

Pour la régularité des écritures, nous ne donnerons crédit des marchandises retournées que lorsqu'elles seront rentrées dans nos magasins et que nous les aurons acceptées.

6° Indiquer en cas de réclamations ou de retour, la date de la facture sur laquelle figurent les articles qui en font l'objet.

Les marchandises retournées ne doivent : ni être avariées ni démontées, ni avoir été employées ou installées, ni être enfin, entre les mains du client depuis plus de huit jours, sauf conventions spéciales.

LE PRÉSENT TARIF ANNULE TOUS LES PRÉCÉDENTS

PREMIÈRE PARTIE

PRIX-COURANT

Extrait du Catalogue N° 1

Économie de Temps

Le Phonographe chez le Négociant

Puisque l'on rit de ma pauvre orthographe,
Je dicterai tout à mon phonographe,

RENSEIGNEMENTS IMPORTANTS

concernant tous les appareils

GRAPHOPHONES OU PHONOGRAPHES

En général, pour avoir de bons résultats, le cylindre ou rouleau contenant la gravure doit fonctionner à raison de 120 tours environ par minute.

Tous nos appareils possèdent des vis de réglage de vitesse permettant d'obtenir ce résultat.

Pour vérifier, il suffit de prendre une montre et de voir si le rouleau de cire fait bien 120 tours pendant que l'aiguille des minutes parcourt une division d'une minute.

Tous les appareils sortant de nos magasins sont réglés à cette vitesse de 120 tours à la minute avant d'être expédiés.

On peut faire exception à cette règle pour la parole seulement; celle-ci peut être enregistrée à raison de 80 tours à la minute; dans ce cas, elle doit être rendue avec la même vitesse de 80 tours pour avoir le résultat désiré. A cette vitesse, le mandrin tournant 1/3 moins vite qu'à 120 tours, on inscrit sur le rouleau *la moitié* plus de paroles.

Un rouleau parle ou chante environ pendant 3 minutes en marchant à 120 tours; il durera 4 minutes et demie en marchant à 80 tours.

CYLINDRES. — Les cylindres ou rouleaux n'ont besoin d'aucun entretien. Les tenir enfermés dans les boîtes que nous vendons spécialement, pour éviter que la poussière ne tombe dessus. Tenir les boîtes **au sec**.

Les cylindres impressionnés répètent un grand nombre de fois, sans usure appréciable.

L'inscription s'enlève au moyen du rabotage. Le même cylindre peut subir cette opération une vingtaine de fois.

Il faut éviter de prendre les cylindres à pleines mains pour ne pas détériorer l'inscription. Les **manœuvrer** en mettant deux doigts à l'intérieur, **comme** l'indique **la figure ci-dessous**.

GRAPHOPHONE N° 25, *Modèle 1898*

(Modèle déposé)

Fig. 25.

Prix : **65** francs

COMPRENANT :

Un Appareil avec sa boîte bois acajou ou noyer verni.
Un Diaphragme **enregistreur.**
Un Diaphragme **reproducteur.**
Un Pavillon pour enregistrer et reproduire.
Un Tube pour écouter à l'oreille, pour 2 personnes.

Le même, avec les Accessoires ci-dessus. Appareil de luxe ayant toutes les pièces polies et nickelées.

Prix : 80 francs.

Pour tous autres Appareils, demander le Prix-Courant N° 1.

INSTRUCTIONS POUR LE FONCTIONNEMENT
DU
GRAPHOPHONE N° 25 (Modèle 1898)

FIG. 30

POUR REPRODUIRE :

Cet appareil étant livré avec son couvercle, enlever d'abord ce couvercle B après avoir tiré le bouton F qui sert à le fixer au socle, puis :

1° Remonter le mécanisme au moyen de la clef M placée à gauche de l'appareil.

2° Disposer le diaphragme à reproduire D comme l'indique le dessin et baisser à fond le levier L placé sous le porte-diaphragme, ce qui fera relever le diaphragme en l'air.

3° Introduire un cylindre C sur le mandrin par le côté biscauté et grand, avec une légère pression pour le fixer.

4° Amener le porte-diaphragme au commencement du cylindre en maintenant le levier L abaissé afin de ne pas érailler le cylindre.

5° Disposer le pavillon amplificateur P comme l'indique la figure et relever **à fond et délicatement** le levier L du porte-diaphragme que l'on avait précédemment abaissé. A ce moment, la pointe du diaphragme D doit porter sur le cylindre.

6° Mettre en marche en manœuvrant le levier A placé près du régulateur. On règle la vitesse s'il y a lieu en vissant ou dévissant légèrement la tête à vis moletée R.

L'audition terminée, abaisser à fond le levier L et arrêter l'appareil en manœuvrant le levier A.

Toutes ces opérations seront faites **avec soin** afin de ne pas fausser les pièces ni dérégler l'appareil.

Pour tous autres appareils, demander le Prix-Courant n° **1.**

POUR ENREGISTRER :

1º Enlever le diaphragme reproducteur, le remplacer par le diaphragme enregistreur dont le saphir est taillé en biseau coupant et opérer exactement de la même façon comme pour reproduire en mettant sur l'appareil un cylindre vierge bien uni.

2º L'appareil étant en marche, relever délicatement le levier L et parler ou chanter naturellement en se plaçant à 10 centimètres de l'embouchure du pavillon comme l'indique la figure ci-dessous. Arrêter l'appareil le chant terminé, en poussant le levier d'arrêt A.

Après quelques essais, on arrive parfaitement à enregistrer la voix.

3º Pour l'enregistrement des sons d'un instrument de musique, se placer le plus près possible du pavillon s'il s'agit d'un instrument à corde ou en bois, et à 1 mètre environ, s'il s'agit d'un instrument en cuivre, le pavillon de l'instrument à hauteur et tourné dans le sens du phonographe.

4º Pour enregistrer les sons de plusieurs instruments ou d'un orchestre, disposer les instruments de manière que les premiers se trouvent à 1 mètre de l'appareil, les instruments en bois en avant et les instruments en cuivre en arrière. (Voir la figure au bas de la page 16).

5º Pour l'enregistrement du piano, placer l'appareil à 1 mètre en arrière du piano et à 80 centimètres au-dessus du sol, le pavillon à hauteur et faisant face aux cordes. **Jouer très fort.**

6º Pour l'enregistrement à plusieurs personnes, chants ou dialogues, se servir des pavillons multiples à raccords *ad hoc*. (Voir dessin et dispositions page 29, figure 330.)

Remonter l'appareil après chaque audition ou enregistrement pour avoir une régularité constante.

DIAPHRAGME
reproducteur

DIAPHRAGME
enregistreur

Chanteur devant le phonographe.

GRAPHOPHONE N° 75

remontant 5 à 6 cylindres

LE MODÈLE REMPLACE L'ANCIEN N° 60 (2 cylindres)

qui est supprimé

FIG. 75.

PRIX : 125 francs

Comprenant :

Un **Appareil** avec couvercle et boîte ;
Un **Diaphragme enregistreur ;**
Un **Diaphragme reproducteur ;**
Un **Tube souple** avec embouchure pour enregistrer ;
Un **Tube auditif** pour une personne.

Lss clients désirant un pavillon amplificateur avec cet appareil, sont priés de choisir dans notre catalogue et de nous l'indiquer par son numéro. Il est facturé en plus.

Cet appareil a une forme bien plus gracieuse que le N° 25, il est de fabrication plus soignée et plus solide, il convient mieux pour l'enregistrement et la perfection du rendement ; il permet de raboter les cylindres.

Pour tous autres appareils, demander le **Prix-Courant** n° 1.

INSTRUCTIONS POUR LE FONCTIONNEMENT
DE

L'APPAREIL N° 75

FIG. 65

POUR REPRODUIRE :

Cet appareil étant livré fermé avec son couvercle, enlever d'abord le couvercle B, puis :

1° Monter à fond l'appareil au moyen de la manivelle M indiquée sur le côté du dessin ;

2° Disposer le diaphragme reproducteur D comme l'indique le dessin et abaisser à fond le levier L du porte-diaphragme ;

3° Introduire un cylindre enregistré C sur le mandrin T par le côté biseauté, avec une légère pression pour le fixer ;

4° Amener le porte-diaphragme G au commencement du cylindre.

5° Disposer le pavillon amplificateur P comme l'indique la figure et relever délicatement et **à fond** le levier du porte-diaphragme que l'on avait précédemment abaissé. A ce moment la pointe du diaphragme doit porter sur le cylindre.

6° Mettre en marche en manœuvrant de droite à gauche le cliquet A.

Pour tous autres appareils demander le Prix-Courant n° 1

On règle la vitesse, s'il y a lieu, en tournant la vis à tête molletée R placée à côté du cliquet, à **droite** pour accélérer, à **gauche** pour ralentir.

Le chant terminé, abaisser à fond le levier L du porte-diaphragme et arrêter l'appareil en manœuvrant le cliquet A.

POUR ENREGISTRER :

1o Changer le diaphragme et opérer exactement de la même façon que pour reproduire, mais en employant un cylindre vierge bien uni ; parler ou chanter naturellement en se plaçant à 10 centimètres de l'embouchure du pavillon, voir page 13. On obtient le même résultat en parlant directement dans le tube pour enregistrer, que l'on tient devant la bouche comme un porte-voix avec la main droite, après l'avoir mis à la place du pavillon, comme l'indique la figure au bas de la page 9.

2o Pour l'enregistrement des sons d'un instrument de musique, se placer le plus près possible du pavillon s'il s'agit d'un instrument à corde ou en bois, et à 1 mètre environ s'il s'agit d'un instrument en cuivre, l'embouchure de l'instrument à hauteur du pavillon.

3o S'il s'agit de plusieurs instruments, les disposer de manière que les premiers se trouvent à 1 mètre de l'embouchure, les instruments en bois devant et les instruments en cuivre en arrière, comme la figure ci-dessous.

Le violon se place le plus près possible du pavillon.

4o Pour enregistrer du piano, placer l'appareil derrière le piano, le pavillon à hauteur de 80 à 90 centimètres du sol et faisant face aux cordes derrière le piano et à 1 mètre environ. Jouer très fort.

Pour l'enregistrement à plusieurs personnes, se servir des raccords multiples, (voir aux accessoires).

5o Remonter l'appareil après deux auditions ou deux enregistrements pour avoir une régularité constante.

Cet appareil a l'avantage, sur le modèle No 25, d'être plus solidement construit, ce qui lui donne une durée illimitée, et de remonter environ cinq cylindres.

Orchestre enregistrant un morceau de musique

Orchestre devant le phonographe.

RÉPARATION DES DIAPHRAGMES

DIAPHRAGMES. — Les diaphragmes constituent une des plus importantes parties de tout phonographe ou graphophone. Ils sont, en général, munis d'une membrane en cristal fabriquée spécialement et très fragile; cette membrane ne s'use pas, mais étant brisée, l'appareil ne peut plus fonctionner; il faut donc en avoir tout le soin possible pour éviter cet accident.

Dans le cas, cependant, où cet accident se produirait, toute personne peut y remédier de la manière suivante, à la condition d'avoir toujours quelques membranes de rechange.

Au moyen d'un compas, d'un ciseau ou d'un instrument *ad hoc*, dévisser l'écrou E du diaphragme en engageant dans les deux petits trous pratiqués à cet effet les deux pointes d'un de ces instruments. Remettre une membrane M à la place de celle brisée en la disposant comme la précédente entre deux anneaux de caoutchouc P et un anneau de carton C par dessus. Revisser à fond la rondelle E. Bien nettoyer la partie plate du porte-saphir S ou S' qui adhérait au cristal et la recoller au moyen d'une colle quelconque. (Nous conseillons la seccotine qui a l'avantage de sécher très vite, cette colle se vend en tubes, à raison de 0 fr. 75 le tube, chez tous les marchands de couleurs ou de produits photographiques). (Nous envoyons cette colle sur demande.)

Boîte-diaphragme dans laquelle se montent les rondelles P, P', la membrane en cristal M et l'écrou de serrage E ci-dessous.

Rondelle caoutchouc à placer en premier au fond de la boîte-diaphragme D.

Membrane en cristal se plaçant au-dessus de la rondelle P en caoutchouc.

Rondelle caoutchouc se plaçant au-dessus de la membrane en cristal M.

Rondelle en carton découpé devant se poser au-dessus de la rondelle en caoutchouc P'

Ecrou fileté servant à fixer et serrer les rondelles et membrane ci-dessus dans la chambre de la boîte-diaphragme D.

Levier porte-saphir S, venant se coller par la partie L sur le milieu de la membrane en cristal M dans le diaphragme reproducteur.

Papillon porte-saphir pour l'enregistrement, pour être collé au milieu de la membrane M dans le diaphragme enregistreur.

PRIX DES CYLINDRES

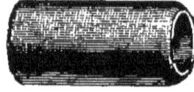

Fig. 100.

CYLINDRES (DIMENSION COURANTE)

Longueur approximative : 107 millimètres, allant sur les appareils grands et petits.

Cylindres vierges, ne contenant aucune inscription
La pièce........ .... **1.50**

Cylindres enregistrés, contenant paroles, chants, orchestres, etc.,..... .... La pièce **3.50**

Réduction de 10 °/₀ par commande de 10 pièces.
Réduction de 15 °/₀ par commande de 20 pièces.

VENTE EN GROS DE CYLINDRES VIERGES

Rabotage des cylindres................... La pièce **0.20**
Réenregistrement................. .... — **2** fr.

Le Phonographe chez les Prédicateurs

Quel organe vibrant!..... Mais!..... du Père Olivier
C'est le fameux discours et le discours entier.

NOTE

SUR LES

PAVILLONS AMPLIFICATEURS

à l'usage des Graphophones

Les pavillons sont destinés à amplifier les sons produits par l'appareil. Plus ils sont de grande dimension, plus les sons reproduits sont puissants.

Les numéros 120, 125, 140, 145 et 150, s'emploient dans des pièces de dimensions moyennes.

Le grand pavillon nº 155 est surtout destiné aux auditions en public.

Nous recommandons les modèles nºs 170, 176, 180, de récente création. Le pavillon cor de chasse nº 170, **modèle exclusif déposé**, d'une **seule pièce** sans soudures, donne de merveilleux résultats dans un salon de dimensions ordinaires. **Les pavillons nºs 120, 125, 140 et 145 sont les pavillons recommandés pour l'enregistrement en général.**

AVIS

Dans toute commande, bien indiquer le numéro du Pavillon amplificateur et le numéro ou le nom de l'appareil auquel on doit l'adapter.

VOIR PAGE 25 POUR LES PAVILLONS CRISTAL

Demander le Prix-Courant nº 1.

Pavillons amplificateurs des sons

POUR

PHONOGRAPHES & GRAPHOPHONES

Indiquer sur la commande l'appareil auquel on destine le pavillon demandé.

PAVILLON N° 120

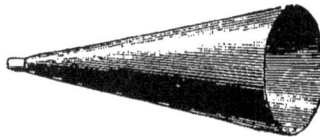

FIG. 120

Pavillon en tôle ou carton, monture métal nickelé.

Longueur environ. . . . . 0m28.
Diamètre — . . . . . 0m10.

PRIX : 1 FR. **50**

PAVILLON N° 125

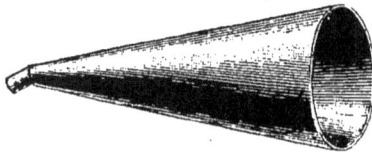

FIG. 125.

Pavillon incliné en carton, monture métal nickelé.

Longueur environ. . . . . 0m30.
Diamètre — . . . . . 0m13.

PRIX : 1 FR. **75**

Pour tous autres appareils demander le Prix-Courant n° 1.

PAVILLON N° 140

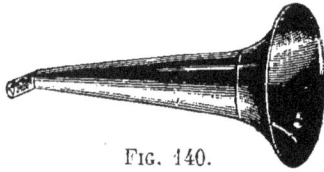

Fig. 140.

Pavillon en cuivre nickelé.

Longueur environ. . . . . 0m33.
Diamètre — . . . . . 0m15.

PRIX : **3** FR.

PAVILLON N° 145

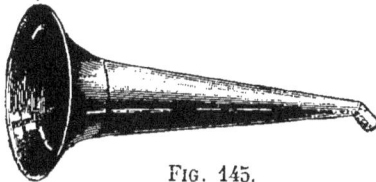

Fig. 145.

Pavillon en aluminium.

Longueur environ. . . . . . . 0m40.
Diamètre — . . . . . . 0m18.

PRIX : **5** FR. **50**

PAVILLON N° 150

Pavillon en cuivre nickelé avec pied articulé, tige mobile et raccord en caoutchouc.

Fig. 150.

Longueur environ. . . . 0m70.
Diamètre — . . . . 0m30.

PRIX : **15** FR.

Pour tous autres appareils demander le **Prix-Courant n° 1.**

PAVILLON N° 155

Grand pavillon en fer-blanc avec panier en osier pour l'emballage, pied articulé à tige mobile et raccord en caoutchouc

Longueur environ.........	1m00
Diamètre —	0m60

PRIX : **40** FR.

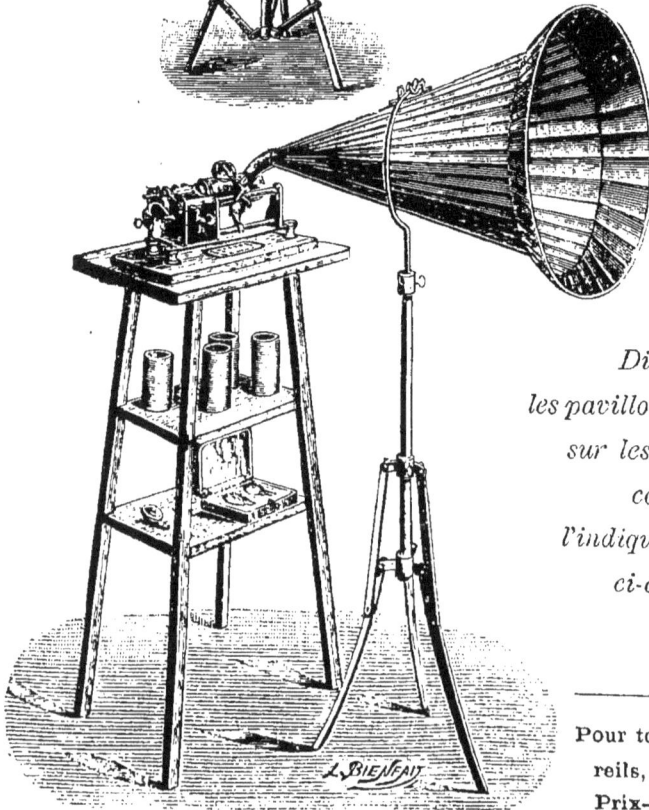

*Disposer
les pavillons 150 et 155
sur les appareils
comme
l'indique la figure
ci-contre.*

L. BIENFAIT

Pour tous autres appa-reils, demander le **Prix-Courant n° 1.**

FIG. 170.

PAVILLON N° 170

Pavillon cor de chasse d'une seule pièce, en cuivre poli.

Diamètre environ .. 0m26

PRIX : **15** FR.

Propriété exclusive de la **Compagnie Générale des**

CINÉMATOGRAPHES, PHONOGRAPHES & PELLICULES

Modèle déposé le 26 novembre 1897, conformément à la loi
Toute contrefaçon sera rigoureusement poursuivie.

PAVILLON N° 176

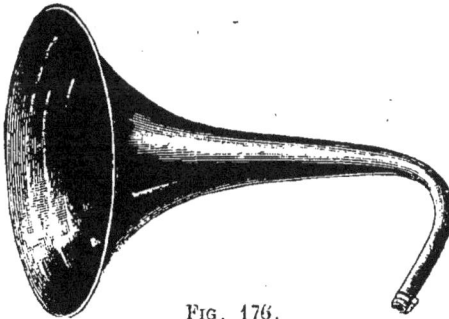

FIG. 176.

Pavillon recourbé, en cuivre poli et nickelé.

Diamètre environ 0m20

PRIX : **9** FR.

Pour tous autres appareils demander le **Prix-Courant N° 1**.

PAVILLON N° 180

Pavillon recourbé en cuivre
nickelé.

Diamètre environ 0m15

PRIX : **6** FR

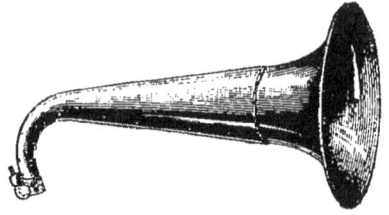

FIG. 180.

S'emploie comme les numéros précédents.

PAVILLON N° 185

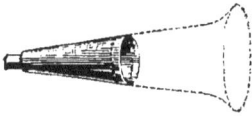  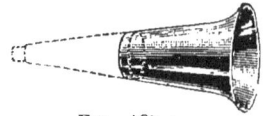

FIG. 185 *bis*   FIG. 185   FIG. 185 *ter*

FIG. 186.

Petit **pavillon** n° 185 en aluminium, démontable en
2 parties, pouvant se disposer sur l'appareil muni de son
couvercle comme l'indique la figure ci-dessus.

PRIX : **2** FR. **50**

Pour tous autres appareils, demander le Prix-Courant N° 1.

PAVILLONS CRISTAL

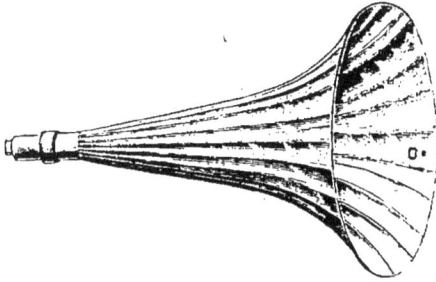

PAVILLONS
Nᵒˢ 190, 191, 192, 194.

I. PAVILLONS
en Cristal métallisé
avec tringle
spéciale nickelée, se fixant
sur les Phonographes ou
Graphophones nᵒˢ 1, 25,
70, 75, 80, 90, 420 et 425.

Nᵒ 190.   Pour appareils nᵒˢ 1 et 25...........   Prix **15** fr.

Nᵒ 191.   Pour appareils nᵒˢ 70, 75, 80, etc......   »   **18** fr.

Afin de donner toute satisfaction à notre clientèle, nous nous sommes livrés à de minutieuses recherches et avons découvert le **Pavillon idéal en Cristal** qui fait oublier les vibrations métalliques de mauvais effets.

Ce pavillon présente des cônes ou nervures, à la pâte cristalline se trouve combinée une substance métallique qui contribue avantageusement. à l'amplification et à la pureté du son. Le **Pavillon Cristal métallisé**, est notre propriété exclusive.

2. PAVILLONS CRISTAL BLANC

Pavillon nᵒ 192, cristal blanc, avec décor gravé or. **20** fr.

Pavillon nᵒ 194, cristal blanc, sans décor......... **12** fr.

CES PAVILLONS S'ADAPTENT ÉGALEMENT A TOUS NOS APPAREILS.

Pour tous autres Appareils demander le **Prix-Courant** nᵒ **1.**

ACCESSOIRES POUR PAVILLONS CRISTAL

Manière d'adapter les tringles aux appareils.

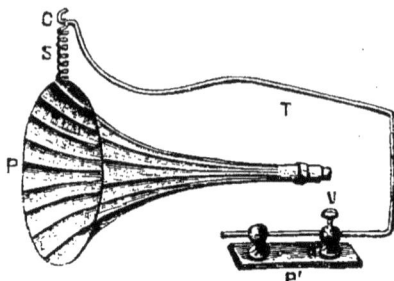

FIG. 195

La figure 195 représente la Tringle-Support, fixée aux appareils n⁰ˢ 1 et 25. Le pavillon cristal s'y accroche en C par une chaînette.

La forme droite du pavillon explique facilement que la position de l'appareil sera face au public, la *clef ou manivelle à sa gauche*.

La plaquette P sera vissée sur la planchette de l'appareil et bien au centre de la partie dégagée, le crochet C faisant face à l'auditeur.

Pour monter la tringle introduire la tige T presque à fond dans les deux trous; serrer fortement la vis V pour empêcher la tige de tourner.

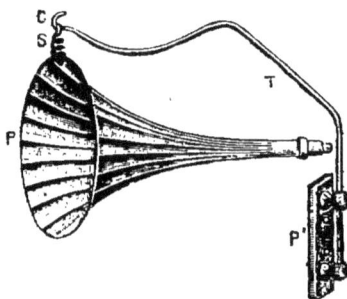

FIG. 196

La figure 196 représente la tringle à fixer sur les appareils 70, 75, 80, 90, 425 et 420. La forme droite du pavillon explique facilement que la position de l'appareil sera face au public, la *manivelle à droite*.

La plaque P sera vissée sur l'appareil, côté opposé à celui faisant face au public, en observant toutefois de le bien mettre au centre. La tige T sera introduite dans les 2 trous de la plaque P et devra pivoter librement. La chaînette du pavillon sera adaptée, par son extrémité au crochet C.

Le Pavillon est relié au Porte-Diaphragme par un fragment de tube en caoutchouc.

Pour tous autres Appareils demander le Prix-Courant n° 1.

TUBES AUDITIFS, GALERIES ET ACCESSOIRES

Pour auditions à plusieurs personnes

FIG. 200.

Tube auditif en caoutchouc spécial avec écoutoirs en ébonite.
Pour audition à une personne

PRIX : **2** FRANCS **25**

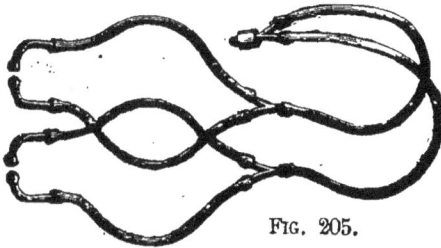

FIG. 205.

Tube auditif en caoutchouc spécial avec écoutoirs en ébonite.
Pour audition à deux personnes

PRIX : **4** FRANCS **50**

FIG. 208.

Tube auditif en caoutchouc spécial, avec écoutoirs perfectionnés, genre téléphone. *Pour audition à une personne.*

PRIX : **4** FRANCS

Écoutoir
ébonite.

FIG. 220. LA PIÈCE : **0.40**

Raccord Y
en ébonite.

FIG. 222. LA PIÈCE : **0.50**

Écoutoir perfectionné
GENRE TÉLÉPHONE

Ce modèle d'écoutoir remplace avantageusement les écoutoirs américains, peu goûtés en Europe.

FIG. 230. LA PIÈCE : **1.50**

Contre-poids
à mettre sur le diaphragme à reproduire pour atténuer les vibrations.

FIG. 240. LA PIÈCE : **0.50**

Pour tous autres appareils, demander le **Prix-Courant N° 1**

FIG. 250.

Manivelle supplémentaire

pour appareil n° 25.

PRIX : **1.50**

FIG. 255.

Manivelle

pour appareil n° 75.

PRIX : **1.75**

FIG. 270.

Burette

à huile.

PRIX **0.50**

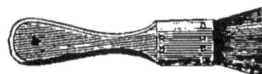

FIG. 275.

Blaireau

pour enlever les copeaux sur les cylindres enregistrés.

PRIX : **1** FRANC

FIG. 280.

Tournevis

PRIX :

0.50

FIG. 290.

Diaphragme

enregistreur, pointe saphir coupante, pour graphophones n°s 25, 60, 80, 90.

PRIX : **10** FRANCS

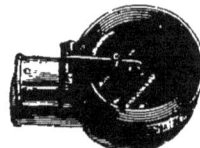

FIG. 295.

Diaphragme

reproducteur, pointe saphir arrondie, pour graphophones n°s 25, 60, 80, 90.

PRIX : **10** FRANCS

FIG. 300

Écrin

pr diaphragme enregistreur et reproducteur n°s 290 et 295

PRIX : **2.50**

FIG. 305

Membrane

cristal pour diaphragme.

PRIX : **0.25**

FIG. 310,

Rondelle

en caoutchouc ou en carton pour diaphragme.

PRIX : **0.20**

Pour tous autres appareils, demander le **Prix-Courant n° 1**.

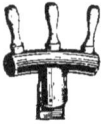 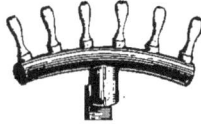 

Fig. 315.   Fig. 3.6.   Fig. 318.

Mains en cuivre nickelé pour écouter à trois, quatre, cinq et six personnes,
Main nue, la pièce pour 3 et 4 personnes .... **4 fr.**
— — — 5 et 6 — .... **5** »
Main montée comme la galerie fig. 370, la pièce pour 3 personnes. **10** »
— — — — — — 4 — **12** »
— — — — — — 5 — **15** »
— — — — — — 6 —, **17** »

Fig. 325.   Fig. 328.

Raccords en cuivre nickelé pour | **Raccords** en cuivre nickelé, pour
enregistrement, à deux personnes. | enregistrement, à trois personnes.
Prix : **2 fr. 50** | Prix : **3 fr.**

Pour se servir des raccords ci-dessus, les disposer sur l'appareil comme l'indique la figure
ci-dessous, avec des pavillons en carton n° 125

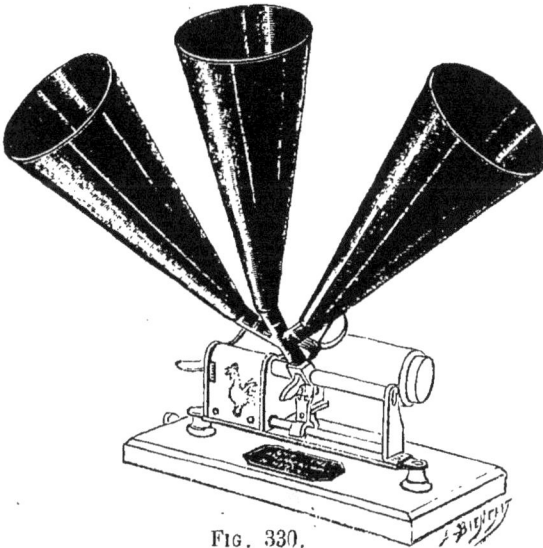

Fig. 330.

Pointe de saphir pour diaphragme enregistreur et reproducteur..... **5 fr.**,
Ressorts pour graphophone n° 25 .... **3** »
Ressorts pour graphophone n° 75 .... **15** »
Tube de colle seccotine pour coller les saphirs .... » **75**
Tube caoutchouc spécial pour écoutoirs .... *Le mètre* » **75**
Tube caoutchouc spécial — .... *Le kilog* **8** »

Pour tous autres appareils, demander le Prix-Courant n° 1.

GALERIES POUR GRAPHOPHONES N° 25
Modèle 1898

Galerie nue, en cuivre nickelé.

PRIX, la pièce

Pour 6 personnes	**6** fr.
Pour 8 personnes	**7** fr.
Pour 10 personnes	**8** fr

Fig. 360.

Raccord souple

pour adapter sur les galeries ci-dessus.

Fig. 360.   PRIX : **2** FR.

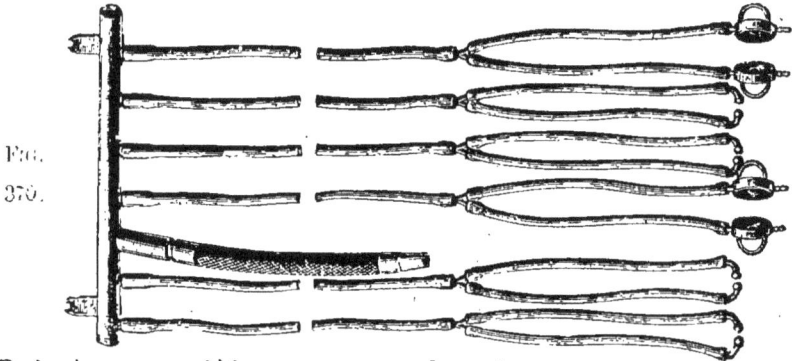

Fig. 370.

Galeries complètes, avec raccord souple, montées avec écoutoirs ébonite. (*Dans les prix des Galeries et des Mains, les écoutoirs genre téléphone ne sont pas compris.*)

La pièce pour 6 personnes.	**18** fr.
— pour 8 personnes.	**23** fr.
— pour 10 personnes.	**26** fr.

Fig. 380.

Disposer la galerie sur le graphophone n° 25, comme l'indique la figure ci-dessus. Engager les 2 pattes de la galerie sous les 2 vis placées en avant de l'appareil après avoir desserré légèrement. Fixer la galerie en revissant ces vis à fond. Engager le raccord par un bout dans l'extrémité libre de la galerie et par l'autre bout dans le tube du porte-diaphragme.

Pour tous les autres appareils demander le Prix-Courant n° 1

GALERIES POUR GRAPHOPHONES N° 75

Galeries nues en cuivre nickelé.

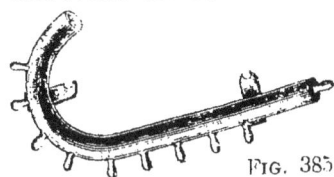

FIG. 385.

PRIX, la pièce :

Pour 6 personnes . . .	8	fr.
Pour 8 personnes . . .	9	»
Pour 10 personnes . . .	10	»
Pour 12 personnes . . .	11	»
Pour 15 personnes . . .	12	»
Pour 18 personnes . . .	13	»

FIG. 390.

Raccord souple

Pour les galeries ci-dessus

PRIX : **2** FRANCS

Galeries complètes, avec raccords souples montées avec écoutoirs en ébonite. (*Dans les prix ci-dessous les écoutoirs genre téléphone ne sont pas compris.*)

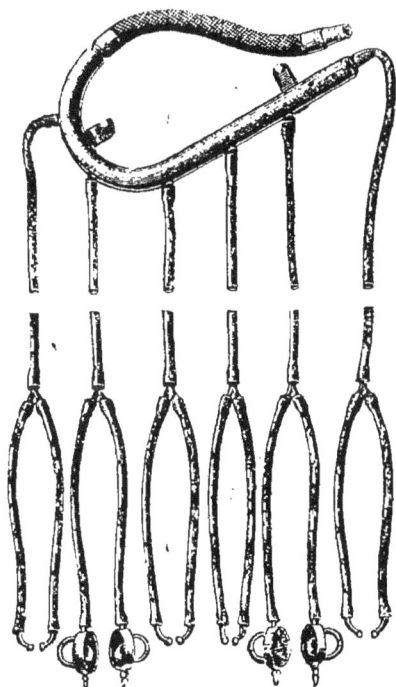

FIG. 395.

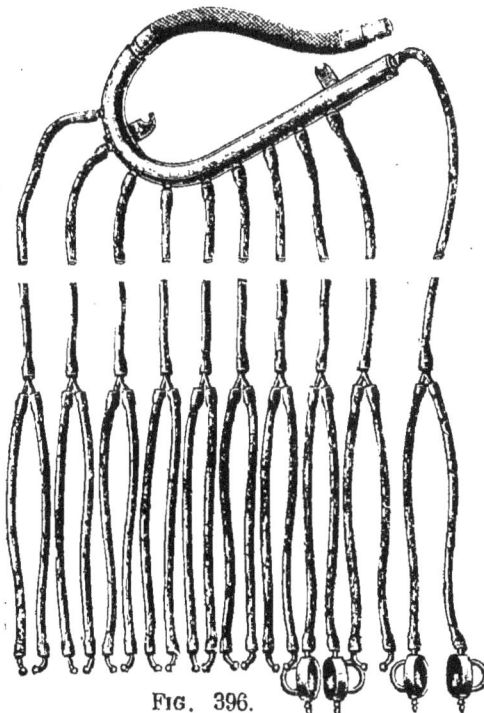

FIG. 396.

La pièce pour 6 personnes	**21** fr.
— pour 8 personnes	**26** »
— pour 10 personnes	**31** »
— pour 12 personnes	**36** »
— pour 15 personnes	**42** »
— pour 18 personnes	**48** »

Pour tous autres appareils, demander le **Prix-Courant** n° 1.

Pour disposer une galerie sur l'appareil modèle n° 75. engager les deux pattes de la galerie sous les deux vis placées sur l'appareil après avoir eu soin de les dévisser un peu. Bien fixer la galerie en resserrant les vis.

Engager le raccord souple par un bout dans l'extrémité libre de la galerie et par l'autre bout dans le tube du porte-diaphragme, le tout comme l'indique la figure ci-dessous : n° 398.

FIG. 398.

En Famille

Quels jolis morceaux de musique !
Médor se dit : « C'est magnifique ! »

BOITES A CYLINDRES

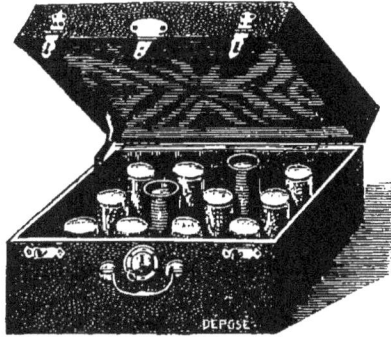

FIG. 140.

Boîtes garnies molleton, avec serrure ou fermeture spéciale.

PRIX.	La pièce.	Pour	6	cylindres			
—	—	—	12	—			**3.50**
—	—	—	18	—			**6** fr.
—	—	—	24	—			**8** »
—	—	—	36	—			**10** »
							16 »

Les mêmes, garnies de peluche, article très soigné et de fabrication supérieure.

PRIX.	La pièce.	Pour	6	cylindres			
—	—	—	12	—			**9** fr.
—	—	—	18	—			**14** »
—	—	—	24	—			**18** »
—	—	—	36	—			**24** »
							32 »

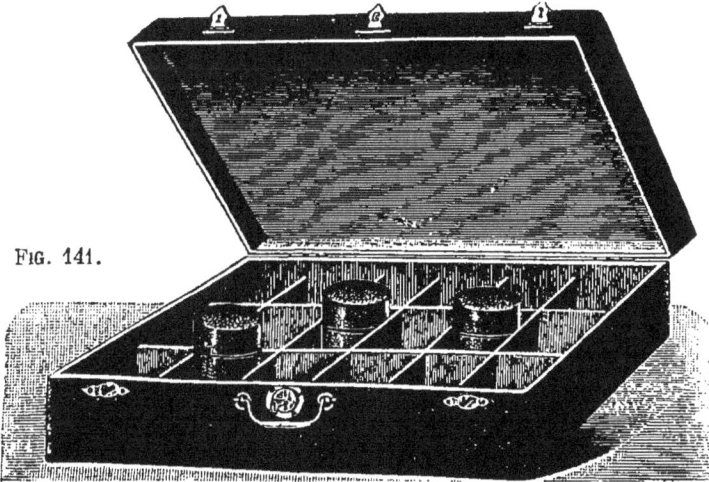

FIG. 141.

Ces boîtes sont fournies avec la disposition intérieure indiquée sur la figure ci-dessus ou, si on le préfère, avec des divisions intérieures pour recevoir le cylindre avec sa boîte en carton comme figure 141.

Pour tous autres appareils, demander le Prix-Courant n° 1.

Nécessaire de Nettoyage

POUR GRAPHOPHONES

Fig. 302

PRIX : **5** FRANCS

Nous avons répondu à de nombreuses demandes en créant ce nécessaire, contenant tous les objets utiles à l'amateur pour entretenir son appareil dans un état de propreté indispensable à l'exécution parfaite des cylindres enregistrés.

IL SE COMPOSE DE :

1 petit Balai poil blanc extra doux, monté sur os, servant à épousseter les cylindres.

1 Brosse horloger soie blanche 4 rangs, pour nettoyer les engrenages, le pavillon et toutes les parties nickelées.

1 Boîte, rouge spécial à polir le nickel.

1 Brosse plate queue de morue, pour épousseter le mouvement d'horlogerie.

2 Bois de fusain à tailler en pointe afin d'enlever les poussières des rouages et des pignons.

1 Flacon d'huile surfine.

1 Tournevis manche verni, avec lame en acier.

1 morceau de peau de chamois servant, avec un peu de rouge, pour aviver les pavillons métal.

1 Burette d'huile avec bec recourbé et bouton épinglette.

FLACON D'HUILE

PRIX : **1** FRANC

Huile fine spéciale et recommandée pour le Graphophone

DEUXIÈME PARTIE

RÉPERTOIRE CHOISI

A L'USAGE

des Familles et des Institutions

Le Phonographe au Jardin d'agrément

De Faust il nous chante un refrain.
C'est le Quatuor du Jardin.

OBSERVATIONS TRÈS IMPORTANTES

1º **Ce** nouveau répertoire spécialement destiné aux **Familles** et aux **Institutions,** renferme plus de **1.000 morceaux** différents, méthodiquement classés.

2º Pour éviter toute confusion dans la rédaction comme dans l'expédition des commandes, nous prions nos clients de **faire précéder de la lettre S** (*signifiant Catalogue spécial),* les numéros qu'ils nous indiquent.

3º Malgré les **100.000 cylindres enregistrés** que nous avons toujours en magasin, nous invitons néanmoins le Client à ajouter, à la suite des commandes, **quelques numéros complémentaires,** afin d'éviter tout retard excessif dans les expéditions pressées.

4º Un exemplaire de notre **Répertoire choisi pour Familles et Institutions** se trouve déposé au **Tribunal de Commerce de Paris.** Les reproductions du **texte** ou des **figures, l'imitation même** de la forme ou de la disposition générale, **tout plagiat** à un titre quelconque sera **rigoureusement poursuivi** selon la loi.

5º Nos cylindres enregistrés s'adaptent **à tous les systèmes de Phonographes, Graphophones ou autres Machines parlantes** qui permettent d'enregistrer soi-même.

6º Nous avons apporté dans la fabrication de nos cylindres vierges le plus grand soin et la plus incontestable perfection. Quant à l'inscription, elle est l'œuvre de musiciens émérites, d'artistes distingués, lauréats du **Conservatoire,** ou appartenant aux **premiers Orchestres** de Paris.

7º Nos cylindres sont **universellement reconnus comme supérieurs,** ils ont été applaudi chaleureusement dans de nombreuses **Matinées** et **Soirées artistiques,** à l'**Académie des Sciences,** à l'**Institut catholique** et dans les **Cercles** ou **Patronages** de Paris, Lyon, Marseille, Bordeaux. Madrid, Louvain, Vienne, Constantinople, Saïgon, Tamatave, Sydney, etc., etc.

MORCEAUX EXTRAITS DES

OPÉRAS OU OPÉRAS-COMIQUES

les plus célèbres

I. - CHANTS EXTRAITS D'OPÉRAS

ABEN-AMET (Th. Dubois)
1. Air du baryton : O Grenade!

L'AFRICAINE (Meyerbeer)
5. Air de Vasco de Gama.
6. Ballade de Nélusko.

ANACRÉON (Grétry)
10. Chanson bachique.

L'ARLÉSIENNE (Bizet)
14. Marche des Rois.

CHARLES VI (Halévy)
23. Guerre aux tyrans.
24. Avec ta douce chansonnette.

LE CID (Massenet)
30. Il a fait noblement ce que l'honneur.

DON SÉBASTIEN (Donizetti)
46. Sur le sable d'Afrique.
47. Seul sur la terre.

FAUST (Gounod)
54. Salut! demeure chaste et pure.
55. Salut! ô mon dernier matin.
56. Le Veau d'or.
60. Ange pur.

LA FAVORITE (Donizetti)
72. Redoute la fureur.
77. Un ange, une femme inconnue.

Le Phonographe au Restaurant

A la bonne heure, ici c'est d'un chic épatant !
L'on boit, l'on mange au son d'un orchestre brillant.

Indiquer exactement le numéro des cylindres.

FERNAND CORTEZ (Spontini)
82. O Patrie ! ô lieux pleins de charmes!

LE FLIBUSTIER (César Cui)
84. Des fleuves, oui, je sais.

LA FLUTE ENCHANTÉE
(Mozart)
87. Air du Grand-Prêtre.
88. Air du Ténor.

GUIDO ET GINEVRA (Halévy)
91. Quand renaîtra la pâle aurore.

GUILLAUME TELL (Rossini)
93. Asile héréditaire.
94. Accours dans ma nacelle.
95. Sois immobile.

HAMLET (A. Thomas)
99. O vin! dissipe la tristesse.
101. Spectre infernal.
104. Pour mon pays.

ERNANI (Verdi)
110. Air du baryton : Grand Dieu!

HÉRODIADE (Massenet)
114. Vision fugitive.
115. Air de Jean.

LES HUGUENOTS (Meyerbeer)
118. Bénédiction des Poignards.
119. Plus blanche que la blanche hermine.
121. Nobles seigneurs, salut.
122. O beau pays de la Touraine.

JEAN DE PARIS (Boieldieu)
127. Qu'à mes ordres, ici tout le monde.

JOCELYN (Godard)
133. Berceuse.

JOSEPH (Méhul)
138. Air : Vainement, Pharaon.
139. A peine au sortir de l'enfance.

LA JUIVE (Halévy)
141. Cavatine : Si la rigueur.
142. Malédiction : Vous qui du Dieu vivant.
143. Prière de la Pâque.
144. Rachel ! quand du Seigneur.

LOHENGRIN (Wagner)
155. Récit du Graal.

LES MAITRES CHANTEURS
(Wagner)
156. Couplets de Walter.
157: L'aube vermeille.

Le Phonographe à la Mairie

Puisse cet appareil vous rappeler souvent,
De ce jour bienheureux le solennel serment.

Indiquer exactement le numéro des cylindres.

MACBETH (Verdi)

159. Le traître aux Anglais s'allie.

MARTHA (Flotow)

161. Chanson du Porter.

MOISE (Rossini)

165. Prière.

LA MUETTE DE PORTICI
(Auber)

168. Cavatine du sommeil.

LA NORMA (Bellini)

170. Air du ténor.

ŒDIPE A COLONNE (Sacchini)

172. Mon fils ! tu ne l'es plus.

LE PARDON DE PLOERMEL
(Meyerberr)

178. Air du Chasseur.
181. Chant du Faucheur.

PATRIE (Paladilhe)

182. Pauvre martyr obscur.
183. Couplets du Sonneur.

LE PROPHÈTE (Meyerbeer)

195. Couplet de la Mendiante.
196. Ah! mon fils.
197. Roi du ciel et des anges.

LA REINE DE CHYPRE (Halévy)

199. Air du baryton.
200. Tout n'est, en ce bas monde.

ROBERT BRUCE (Rossini)

212. Que ton âme, si noble, si bonne.
213. Eh! quoi? chez vous la crainte.

ROBERT-LE-DIABLE
(Meyerbeer)

214. Va, dit-elle.
215. Jadis, régnait en Normandie.
216. Valse infernale.
217. Sicilienne.

ROLAND A RONCEVAUX
(Mermet)

221. Superbes Pyrénées.

ROMÉO ET JULIETTE (Gounod)

222. Ballade de la reine Mab.
225. Scène du Tombeau.

LES SAISONS (Massé)

232. Chanson du blé.

Le Phonographe chez le Convalescent

*Comme il ravit Monsieur ! Comme il me charme aussi !
J'en veux un pour tuer mes heures de souci.*

Indiquer exactement le numéro des cylindres

SARDANAPALE (Joncières)
233. Le front dans la poussière.

SAMSON ET DALILA (St-Saens)
235. Air de la Vengeance.
236. Air du Grand-Prêtre.

SIGURD (Reyer)
242. Esprit, gardien de ces lieux vé-
     nérés.
243. Grand air du baryton.
244. Et toi, Freia.
245. Odin, dieu farouche et sévère.

TANNHAUSER (Wagner)
250. Romance de l'Etoile.
252. O! chaste amour.

LA TRAVIATA (Verdi)
255. Buvons jusqu'à la lie.

LE TROUVÈRE (Verdi)
260. Miserere.
262. O ma Patrie!
264. Exilé sur la terre.

LE VAL D'ANDORRE (Halévy)
268. Voilà le sorcier.

LES VÊPRES SICILIENNES
(Verdi)
272. Et toi, Palerme.
273. Au sein de la puissance.

LA WALKYRIE (Wagner)
276. Chanson du Printemps.

II. - CHANTS EXTRAITS D'OPÉRAS-COMIQUES

L'ATTAQUE DU MOULIN
(Bruneau)
287. Air du baryton.

**LE CARILLONNEUR
DE BRUGES** (Grisart)
305. Sonnez, mes cloches gentilles.

CARMEN (Bizet)
306. Près des remparts de Séville.
308. Toréador, en garde.

LE CHALET (Adam)
318. Vallons de l'Helvétie.
320. Liberté chérie.

Le Phonographe au Festin de Famille

Ici, mes chers amis, c'est le suprême extra,
Car après le festin on entend l'Opéra.

Indiquer exactement le numéro des cylindres

LE CHIEN DU JARDINIER
(Grisart)
325. Chanson du chien.

LA DAME BLANCHE (Boieldieu)
332. Ah! quel plaisir d'être soldat.
334. Ballade : D'ici voyez ce beau domaine.

LE DÉSERTEUR (Adam)
335. Chanson à boire.

LES DRAGONS DE VILLARS
(Maillard)
342. Ne parle pas.
345. Hop, hop, mules chéries.

L'ÉCLAIR (Auber)
348. Des rivages d'Angleterre.
350. Partons, la mer est belle.

GALATHÉE (Massé)
374. Ah! qu'il est doux de ne rien faire.

GIRALDA (Adam)
377. Ange des cieux.
378. Que saint Jacques.

HAYDÉE (Auber)
380. Il dit : Qu'à sa noble patrie.
381. Glisse, glisse ma gondole.
382. Ah! que la nuit est belle!

MIGNON (Ambroise Thomas)
411. Adieu Mignon, courage.
412. Elle ne le croyait pas.
413. Berceuse.
414. Connais-tu le pays.

MIREILLE (Gounod)
418. Un père parle en père.
419. Chanson du berger.
420. O Magali.
421. Anges du Paradis.

UNE NUIT DE CLÉOPATRE
(Massé)
435. Cantilène de Manassès.

LES NOCES DE JEANNETTE
(Massé)
443. Cours mon aiguille dans la laine.

LE PRÉ AUX CLERCS (Hérold)
466. Souvenir du jeune âge.

RICHARD CŒUR-DE-LION
(Grétry)
471. O Richard! ô mon roi.

SI J'ÉTAIS ROI (Adam)
483. J'ignore son nom.

LE VOYAGE EN CHINE (Bazin)
504. Chanson napolitaine.
505. Chanson du cidre.
506. La Chine est un pays charmant.

Le Phonographe et la future Artiste

Peut-être un jour il redira
Mon premier rôle à l'Opéra.

Indiquer exactement le numéro des cylindres.

III. - CHANTS EXTRAITS D'OPÉRETTES

BOCCACE (Suppé)

560. Chanson bachique.
561. Vieille chanson.
562. Chanson du tonnelier.

**LES CLOCHES
DE CORNEVILLE** (Planquette)

565. Va, petit mousse.
566. J'ai fait trois fois le tour du monde.

LA FAUVETTE DU TEMPLE
(Messager)

575. Soldat et chef de ma tribu.
577. Couplet de la casquette.

LA MASCOTTE (Audran)

637. Le grand singe d'Amérique.

RIP RIP (Planquette)

671. Romance des enfants.

IV. - DUOS, TRIOS, QUATUORS, CHOEURS CHANTS

LE CAID (Ambroise Thomas)

680. Duo : O! ma gazelle.

LE CRUCIFIX (Faure)

686. Duo : Vous qui pleurez.

DON JUAN (Mozart)

687. Duo : Là, devant Dieu.

MIGNON (Ambroise Thomas)

710. Duo des Hirondelles.

MIREILLE (Gounod)

712. Duo : O! Magali.

LA MUETTE DE PORTICI
(Auber)

717. Duo : Amour sacré.

RICHARD CŒUR-DE-LION
(Grétry)

741. Duo.

Le Phonographe et le Pays natal

*A Paris comme à Marseille
On aime à chanter Mireille.*

Indiquer exactement le numéro des cylindres.

FAUST (Gounod)
758. Trio du duel.
759. Trio final.

LA JUIVE (Halévy)
763. Trio.

MIGNON (Ambroise Thomas)
764. Trio du dernier acte.

LE TROUVÈRE (Verdi)
772. Trio du 1er acte.

FAUST (Gounod)
773. Quatuor du Jardin.

L'AFRICAINE (Meyerbeer)
778. Chœur des Évêques.

L'ARLÉSIENNE (Bizet)
779. Chœur : Marche des Rois.

FAUST (Gounod)
781. Choral des Epées.
782. Chœur des Soldats.
783. Chœur des Vieillards.

HÉRODIADE (Massenet)
785. Chœur principal.

LES HUGUENOTS (Meyerbeer)
786. Conjuration des poignards.

MIREILLE (Gounod)
787. Chœur des Magnanarelles.

ROBIN DES BOIS (Weber)
790. Chœur des Chasseurs.

SONGE D'UNE NUIT D'ÉTÉ
(Ambroise Thomas)
792. Chœur des Gardes-chasse.

TANNHAUSER (Wagner)
793. Chœur des Pèlerins.

Le Phonographe à l'Ecole primaire

Enfants vous entendez le chœur de Faust :
Gloire immortelle de nos aïeux,
Sois-nous fidèle, mourrons comme eux.

Indiquer exactement le numéro des cylindres.

CHANTS RELIGIEUX

I. - CHŒURS

794. Ave Maria (César Franck).
795. Le Crucifix (Gounod).
796. Mors et vita (Gounod).
797. La Pâque.

798. Prière du soir (Gounod).
799. Rédemption (Gounod).
800. Stabat Mater (Rossini).

II. - SOLOS DIVERS

810. Adoro te (Audran).
811. Agnus Dei (Schwab).
812. Agnus Dei (Bizet).
813. Ave Maria (Gounod).
814. Ave Maria (Faure).
815. Ave Maria (Cherubini).
816. Ave Maria (Dubois).
817. Ave Maria (Ferroni).
818. Ave Maria (Dabin).
819. Ave Maria (Loysel).
820. Ave Maria (G. Lemaire).
821. Ave Maria (Saint-Yves Bax).
822. Ave Maria (Plantade).
823. Ave Maria (Schubert).
824. Ave Maris stella (Gregoire).
825. Célébrons le Seigneur (Rupès).
826. Confutatis (Verdi).
827. Deus meus.
828. Le ciel a visité la terre (Gounod).
829. L'Extase (H. Salomon).

830. Le Pater de la France.
831. Miserere mini (Steemann).
832. O! Fons pietatis (Haydn).
833. O! Salutaris (Niedermeyer).
834. O! Salutaris (Lefébure).
835. O! Salutaris (Mendelsohn).
836. O! Salutaris (Samuel Rousseau).
837. Panis Angelicus (Fauchey).
839. Panis Angelicus (César Franck).
840. Pater Noster (Niedermeyer).
841. Pie Jesu (Faure).
842. Pie Jesu (Loysel).
843. Pie Jesu (Stradella).
844. Sanctus (Beethoven).
845. Stabat Mater (Rossini).
846. Sub tuum presidium (Danjou).
847. Tantum ergo (Minard).
848. Tantum ergo (Faure).
849. Venez, divin Messie.
850. Magnificat.

Le Phonographe à l'Église

Je veux prêter ma voix aux offices divins,
Et chanter au Seigneur mes plus jolis refrains.

Indiquer exactement le numéro des cylindres.

III. - CANTIQUES

2950. Il est né le divin enfant.
2951. Je mets ma confiance.
2952. D'une mère chérie.
2953. O! saint autel.
2954. Vive Jésus.
2955. Tout n'est que vanité.
2956. Hélas! quelle douleur.
2957. O! roi des Cieux.
2958. Par les chants les plus magnifiques.
2960. Esprit-Saint descendez en nous
2961. Au sang qu'un Dieu va répandre
2962. Bénissons à jamais.
2963. Unis au concert des anges.
2964. Reviens pécheur.
001. O toi qui du chrétien.
002. Elle est ma Mère.
003. Reine des Cieux jette les yeux.
004. O ma reine, ô Vierge Marie.
005. Souvenez-vous.
006. Je vous salue Auguste et Sainte reine.
007. Salut, ô Vierge immaculée.
008. Oui, je le crois.
0 9. Venez esprit fidèle.
0010. Nous qu'en ces lieux.
0011. Gloire à Dieu dans ses saints.
0012. Souviens-toi des jours de la gloire.
0013. Véritable ami de l'enfance.
0014. Honneur à toi, Bienheureux de la Salle.
0015. O Joseph, ô gardien fidèle.
0016. Les Anges dans nos campagnes.
0017. En cette nuit.

Pour apprendre à chanter juste

Le Phonographe à l'Ecole des Sœurs

Au chant du Phonographe, enfants, unissez-vous,
Observez la nuance et finissez très doux.

Indiquer exactement le numéro des cylindres

ROMANCES ET GRANDS AIRS

851. Air du Laboureur (Haydn).
854. L'Angelus de la mer (Goublier).
857. Adieu Grenade (Henrion).
859. L'Anniversaire (Henrion).
861. L'Aquilon (Trave).
872. Les Bébés (Doria).
873. Le Biniou (Durand).
874. Les Bords du Rhin (Henrion).
875. Les Bœufs (Dupont).
879. Berceuse bleue (Yann Nibor).
880. Berceuse (Chaminade).
881. La Chanson du semeur (Legay).
882. La Chanson du roulier (Renard).
894. La Cloche (Massenet).
895. La Charité (Faure).
897. Le Cor (Flégier).
898. Clairon fleuri (Holmès).
901. Le Chemineau (Poncin).
902. Le Chant des sapins (Goublier).
905. Le Credo du paysan (Goublier).
908. Chemin de France (Magnès).
909. Le Clown et l'enfant (Goublier).
911. La Czarine (Ganne).
913. Le Clairon (Déroulède).
914. Chanson du buveur (Goublier).
916. Le Chant du départ (A. Chénier).
917. Les Cloches du soir (L. de Rillé).
918. La Chanson des peupliers (Doria).

924. Deux enfants de roi (Holmès).
928. Dodo, l'enfant do (Dubois).
934. David devant Saül (Bordèse).
937. De sa mère on se souvient toujours (Goublier).
945. Les Enfants (Massenet).
948. L'enfant chantait la Marseillaise (Collin).
956. La Femme du pêcheur (Maquis).
957. France! sèche tes pleurs (Goublier).
969. Hymne russe (Lwoff).
976. Chant Indou (Bemberg).
989. Jésus de Nazareth (Gounod).
997. Le Lac (Niedermeyer).
1010. La Marche Lorraine (Ganne).
1011. La Marseillaise (Rouget de l'Isle).
1012. Marguerite (Gounod).
1014. Les Mamans (Delmet).
1015. Les Montagnards (Roland).
1031. Naples (A. d'Hack).
1032. Noël (Holmès).
1034. Noël (Adam).
1051. La Paimpolaise (Botrel).
1055. Le Pressoir (Faure).
1057. Pauvres fous (Tagliafico).
1060. Le Pays de Mireille (Brès).

Le Phonographe au Cercle catholique

A notre cercle militaire
Le Phonographe est salutaire.

Indiquer exactement le numéro des cylindres.

MÉLODIES DE MOZART

Leçon de Chant à mes petits amis

Le Phonographe ami des Oiseaux

DÉPOSÉ

Le Phonographe endort l'enfant dans son berceau,
Mais n'est-il pas aussi le frère de l'oiseau.

Indiquer exactement le numéro des cylindres

MÉLODIES DE WEBER

011. Chant du Berceau.
012. Les Bluets.
013. Le Sommeil de l'Orphelin.
014. Enfants et Fleurs.
015. Ballade.
016. Enfants, chantez.
017. La Romance du Chasseur.

018. Jeune bergère.
019. L'Etoile.
020. Harmonie du Soir.
021. Notre-Dame des mariniers.
022. Ombre et Lumière.
023. L'Ange du travail.

MÉLODIES DE BEETHOVEN

024. Après l'Adieu.
025. Chant de Mai.
026. Chant du Sacrifice.
027. Dors, dans mes bras.
028. Je pense à toi.
029. Marmotte.

030. O vallons!
031. Pâquerette.
032. Pauvre enfant!
033. La Petite fleur.
034. Plainte du Pauvre.

MÉLODIES DE SCHUBERT

035. Les Astres.
036. L'Attente.
037. La Berceuse.
038. Chanson des Chasseurs.
039. Dans le bosquet.
040. Le Désir.
041. L'Echo.

042. Le Joueur de vielle.
043. La Jeune mère.
044. Le Pêcheur.
045. Les Regrets.
046. Rosemonde.
047. Rose sauvage.
048. La Sérénade.

Le Phonographe enregistrant la leçon de Chant

De Mozart nous chantons les belles mélodies,
Enfants, retenez-les pour vos mères chéries.

Indiquer exactement le numéro des cylindres.

MÉLODIES DE MENDELSSHON

049. Dans la vallée (duo).
050. La Fleur du vallon.
051. La Harpe éolienne.
052. La Cloche du Dimanche.
053. La Barque.
054. Quand les reverrai-je?

055. Je voudrais avoir des ailes.
056. La Clochette de mai.
057. Les Parfums du rivage.
058. Le Chant du cœur.
059. La Chasse aux farfadets.
060. Rosée du matin.

MÉLODIES DE DIVERS AUTEURS

061. Sur la plage (Mozart).
062. La prière d'une goutte de rosée (Spohr).
063. Viens, petite Blanche (Geisler).
064. La Petite marchande d'oiseaux (Jomelli).
065. Ce qui se lit dans les étoiles (Harder).
066. Le rêve du proscrit (Haydn).
067. Au bord de la fontaine (Lind-paintner).
068. Exil (Sully).
069. Le Chevrier (Mozart).
070. La Fleur du souvenir (Mozart).
071. La Volière (Mozart).
072. Tambour ou trompette (Pohlenz)
073. Pervenche (Reichardt).
074. Je ne veux pas changer (Reissiger).

075. Ne m'oubliez pas (Schubert).
076. La Barque du pêcheur (Zelter)
077. Fleur du souvenir (Benza).
078. L'Alsacienne (Schubert).
079. Les Petits Grillons (De la Pommeraye).
080. Les plus aimés (Henrion).
081. L'Enfant au jardin (Fauré).
082. Helvétia (E. Chanat).
083. En Avant! (Déroulède).
084. Le Moussaillon (ch. bretonne).
085. La Cloche d'Ys (ch. bretonne).
086. Debout les Gâs! (ch. bretonne).
087. Le Mouchoir rouge de Cholet (ch. bretonne).
088. Le Petit Grégoire (ch. bretonne).
089. Grand'Mamam Fanchon (chanson bretonne).

Le Phonographe correspondant de la Famille

Mon cher enfant gémit, peut-être, en son école ;
Il lui faut de sa mère une tendre parole.

ndiquer exactement le numéro des cylindres.

TYROLIENNES ET FANTAISIES

1211. Les Canards tyroliens.
1220. Le Morvandiau.
1221. Le Pâtre des Montagnes.
1227. L'Echo du vallon.
1243. Babillage d'oiseaux siffleurs.
1244. Clairon de caserne (avec clairon)
1245. Clairon de service (avec clairon)
1247. La Chasse aux lièvres (avec cor).

1249. Revue des animaux (scène d'imitations).
1250. Siffleur d'oiseaux (scène d'imitations).
1251. Les Turcos (avec clairon).
1253. Ceux de la classe (avec clairon).
1255. (Retour du Dahomey (avec clairon).

CHANSONS ENFANTINES

2920. Polichinelle.
2921. Ah! mon beau château.
2922. Nous n'irons plus au bois.
2923. Petit papa.
2924. Petit poupon.
2925. La mère Michel.
2926. J'ai du bon tabac.

2927. Cadet Rousselle.
2928. Il pleut bergère.
2929. Au clair de la lune.
2930. Fais dodo.
2931. Le roi Dagobert.
2932. Il court le furet.
2933. Giroflé-Girofla.

Le Phonographe à la chambrée

Pristi ! c'est un copain de race,
Il chante ben : Vive la Classe !

CHANSONNETTES COMIQUES

1992. L'Anglais entêté (Vaunel).
2003. Imitations d'animaux (Vaunel).
2010. Le Muet mélomane (Vaunel).
0200. Ce qu'on mange à Paris (Meusy).
0201. La polka des Yankes (Mendrot).
0202. Nouveaux transports (Fragson).
0203. Family-House (Marinier).
0204. Le Licencié.
0205. Idioties.
0206. Demande d'emploi
0207. Employés du Ministère.
0208. Faut s'amuser.
0209. Mes deux gosses.
0210. Professeur de langues.
0211. La Noce des Infirmes.
0212. Le Refrain du bâtiment.
0213. La Marche des Tondeurs de chiens.
0214. La Cure merveilleuse.
0215. Drapeau vert et bâton blanc.
0216. Crions : Vive l'Armée!
0217. Pour le voyage du Président.
0218. Le Cocher.
0219. L'Ami Ferdinand.
0220. Premier prix d'histoire.
0221. L'Invalide à la Tête de bois.
0222. Un Amant de la gloire.
0223. Un géographe à la mode.
0224. La Galette à Jeannot.
0225. Le Petit Figaro.
0226. La Tartine.
0227. Bêtes et Gens.
0228. L'Ami des Chats.
0229. Le Guignon de Jean Pochet.
0230. Je demande à vieillir.
0231. Gaillard-Champagne.
0232. Oh! Chanson de tous les pays.
0233. L'Office des Objets perdus.
0235. Pédoizot.
0236. Le Fiacre réclame.
0237. Le Nez d'Isidore.
0238. Le Flegme britannique.
0239. Ceux qui casquent.
0240. L'Avocate.

Textes absolument irréprochables

En attendant son tour

Le Phonographe chez le Dentiste

Pour soulager toute souffrance,
Ici l'on chante une romance.

Indiquer exactement le numéro des cylindres.

DÉCLAMATION, POÉSIES, MONOLOGUES, etc.

I. - GENRE CLASSIQUE

2781. L'Appel après le combat.
2782. L'Année terrible (Victor Hugo).
2783. Andromaque.
2784. A Guillaume II.
2785. Bâtard.
2786. Barbier de Séville.
2787. La Bénédiction des drapeaux.
2788. Le Chien de l'aveugle.
2790. Le Chemineau (J. Richepin).
2791. Le Cid (Corneille).
2792. La Conscience (Victor Hugo).
2793. Le Dernier marin du Vengeur
2794. L'Enfant de Paris.
2795. L'Épave (François Coppée).
2796. Fureur d'Oreste (Racine).
2797. La Grève des Forgerons.
   (F. Coppée).
2798. Honneur et Patrie.
2799. Hamlet (Lacroix).
2800. Hernani (Victor Hugo).
2801. Horace.
2802. Imprécations d'Athalie.
   (Racine).

2803. Le Jeune Alsacien.
2804. La Lettre de l'enfant.
2805. L'Empereur.
2806. Le Marsouin.
2810. La Mort du Christ (Lamartine).
2821. Le Naufragé.
2822. OEdipe roi.
2823. Ode au drapeau.
2824. Phèdre.
2825. Les Pompiers (Burani).
2826. Pour les pauvres (Victor Hugo).
2828. Le Retour de l'Empereur (V. Hugo)
2829. Le Revenant (Victor Hugo).
2832. Sedan (Victor Hugo).
2833. Songe d'Athalie.
2834. Severo Torelli (F. Coppée).
2836. Waterloo (Victor Hugo).
0350. L'Ankou (Botrel).
0351. Les Loups bretons (Botrel).
0352. Les Briseurs de Calvaire (Botrel).
0353. La Route (Botrel).

Le Phonographe à l'auberge

Il dit qu'il faut être à cheval tout l'temps
Dessusse le règlement.

Indiquer exactement le numéro des cylindres.

0354. La bataille de Rocroy (Bossuet).
0355. Oraison funèbre d'Henriette de France (Bossuet).
0356. Lettre de Mme de Maintenon à Mlle d'Aubigny.
0357. Cinéas et Pyrrhus (Boileau).
0358. La Conscience (Corneille).
0359. L'Espoir en Dieu (A. de Musset).
0360. Stances de Polyeucte (Corneille)
0361. Les Femmes savantes (Molière).
0362. La Bataille (André Lemoyne).
0363. Les Plaideurs (Racine).
0364. Iphigénie (Racine).
0365. Les Solitaires (A. Barbier).
0366. L'âne (Delille).
0367. Consolations à du Perrier (Malherbe).
0368. Les cochons roses (Ed. Rostang).
0369. La mort du Lion (A. Dumas).
0370. La Lyre. — Les deux cortèges (sonnets).
0371. Sganarelle de don Juan (Molière).
0372. Le Crucifix (Lamartine).
0373. Pour la Couronne (F. Coppée).
0374. Les petites orphelines (E. Lionne)
0375. Mes économies (E. Chebroux).
0376. C'est l'hiver (Chebroux).
0377. L'Ange et l'Enfant (Reboul).
0378. Le Village. — Le Soir (Marquis de Ségur).
0379. L'heure d'angoisse (E. Prévost).
0380. La Ballade des petits salons (A. Perrochon).
0381. Le Vieux cimetière. — Chantez poètes (Chebroux).
0382. Vieilles choses (L. Maigne).
0383. Le défaut de Lili (Chebroux).
0384. Le Rossignol (Vingtrinier).
0385. Destinée des poètes (C. Riche).
0386. L'Eglise (Ch. Vincent).
0387. Au Drapeau (E. Prévost).
0388. Sous bois (Grandmougin).
0389. Hospitalité (G. Le Lys).
0390. Les Nuages (Chantavoine).
0391. Le Vieux couple (X. Brun).
0392. L'Avenir (Casanova).
0393. L'Angelus (Grandmougin).
0394. La Route (H. de Braye).
0395. La Bonne folie (Bach-Sisley).
0396. L'Ame des Paysans (Virgile Rossel).
0397. L'Aïeule (X. Brun).
0398. Le Vieux clocher (Labatie).
0399. La Nuit de Noël (Léon Barré).

Textes absolument irréprochables

Le Phonographe au Cercle des Intimes

De notre Cercle intime
Il a conquis l'estime.

Indiquer exactement le numéro des cylindres.

Fables Diverses

Discours Divers

II. – GENRE COMIQUE

Le Phonographe et l'Avocat

DÉPOSÉ   L. BIENFAIT

Avec de tels accents je gagnerai la cause,
L'avocat général restera bouche close.

Indiquer exactement le numéro des cylindres.

III. - COMPLIMENTS

Compliments à l'occasion du Jour de l'An

2900. Compliments pour Père et Mère.
2901.   —   — Grand-père et Grand'-Mère.
2902.   —   — Oncle et Tante
2903.   —   — Frère et Sœur.

2904. Compliments pour Cousin et Cousine.
2905.   —   — Parrain et Marraine.

Compliments à l'occasion de Fête et Anniversaire

2906. Compliments pour Père et Mère.
2907.   —   — Parrain et Marraine.

2908. Compliments pour Oncle et Tante.
2909.   —   — Bienfaiteur.

Le Phonographe dans ma Chambre d'Hôtel

Complément indispensable de tout Établissement

bien réputé.

Ce était épatant,
Drôlatique, amiousant !

Indiquer exactement le numéro des cylindres.

MORCEAUX D'ORCHESTRES

HYMNES NATIONAUX

4000. La Marseillaise.	4012. Hymne Bavarois.
4001. Hymne Russe.	4013. — Suisse.
4002. — Hollandais.	4014. — Danois.
4003. — Portugais.	4015. — Espagnol.
4004. — Norvégien.	4016. — Roumain.
4005. — Belge.	4017. — Turc.
4006. — Anglais.	4018. — Brésilien.
4007. — Américain.	4019. — Chilien.
4008. — Prussien.	4020. — Péruvien.
4009. — Italien.	4021. — Chinois.
4010. — Allemand.	4022. — Japonais.
4011. — Suédois.	4023. — Luxembourgeois.

AIRS NATIONAUX

4050. Chant du Départ.	4060. Air Norvégien.
4051. Chant des Girondins.	4062. Air Sarde.
4054. Marche royale Italienne.	4063. Air Américain.
4055. Air Mexicain.	4064. Air Irlandais.
4056. Air Autrichien.	4065. Air Polonais.
4057. Air Portugais.	4066. Air Russe.
4058. Air Espagnol.	4067. Air Belge.
4059. Air Suédois.	

Le Phonographe au Camp

Je vis le jour en France et j'aime ses soldats ;
Je les suis, comme un barde, aux hasards des combats.

Indiquer exactement le numéro des cylindres.

OUVERTURES

5000. Cavalerie légère (Suppé).	5017. Fra Diavolo (Auber).
5001. Le Caïd (Rossini).	5018. L'Ombre (Flotow).
5002. Domino noir (Auber).	5019. La Part du Diable (Auber).
5003. La Dame blanche (Boïeldieu).	5020. Le Pardon de Ploërmel (Meyer-
5004. Les Diamants de la couronne	beer).
(Auber).	5021. Le Pré aux Clercs (Hérold).
5005. La Dame de Pique (Suppé).	5022. Petit Faust (Hervé).
5006. Egmont (Beethoven).	5023. Poupée de Nuremberg (Adam)
5007. Guillaume Tell (Rossini).	5024. Obéron (Weber).
5008. Poète et Paysan (Suppé).	5025. Serments (Auber).
5009. Si j'étais roi (Adam).	5026. Val d'Andorre (H...).
5010. Grande-duchesse (Auber).	5027. Zampa (Hérold).
5011. Italienne à Alger (Rossini).	5028. Le Kalife de Bagdad.
5012. Giralda (Adam).	5029. La Bohémienne.
5013. La Muette de Portici (Auber).	5030. Le jeune Henri.
5014. Giroflé Girofla (Lecocq).	5031. Fra Diavolo.
5015. Noces de Figaro (H...).	5032. Fidelios.
5016. Noces de Jeannette (Massé).	

FANTAISIES

5060. L'Arlésienne. *Prélude* (Bizet).	5069. Bohémiens (Verdi).
5061. — *Menuet.*	5070. Brigands (Verdi).
5062. — *Intermède.*	5071. Le Bal masqué.
5063. — *Carillon.*	5072. Bijou perdu.
5064. — *Farandole.*	Hamlet (ballet) (A. Thomas).
5065. — *Pastourelle.*	5073. — *Pantomime.*
5066. Aïda (Verdi).	5074. — *Pas des chasseurs.*
5067. L'Africaine (Meyerbeer).	5075. — *Valse-Mazurka.*
5068. Airs Espagnols (Verdi).	

Le Phonographe au Théâtre

DÉPOSÉ · L. BIENFAIT

Artistes, prenez garde à ce bel appareil,
Il peut vous imiter par son chant sans pareil.

Indiquer exactement le numéro des cylindres.

Hamlet (ballet) (A. Thomas).
5076. — *La Freya.*
5077. — *Strette final.*
5078. Le Barbier de Séville (Rossini).
5079. Le Cid (Massenet).
5080. Les Contes d'Hoffmann (Offenbach)
5081. Coupe du roi de Thulé (Gounod).
5082. Charles VI (Halévy).
5083. Carmen (Bizet).
5084. Cloches de Corneville (Planquette).
5085. Cavaleria Rusticana.
5086. Boccace (Suppé). :
5088. Danses Bohémiennes (Le Tasse)
5089. Cheval de bronze (Auber).
5090. Don Juan (Mozart).
5091. Danses macabres (Saint-Saëns).
5092. Dragons de Villars.
5093. Domino noir (Auber).
5094. Ernani (Verdi).
5095. Étoile du Nord (Meyerbeer).
5096. Elézire d'amor (Donizetti).
5097. La Favorite (Donizetti).
5098. La Fille du régiment (Donizetti).
5099. La Fille du tambour-major (Offenbach).
5100. François-les-bas-bleus.
5101. Fanfau-la-Tulipe.
5102. La Fille de madame Angot (Lecocq).
5103. Freyschutz (Weber).
5104. Les Huguenots (Bénédiction des Poignards) (Meyerbeer).
5106. Jour d'été en Norwège (Sellenick).
5107. Jérusalem (Verdi).

5108. Le Jour et la Nuit (Lecocq).
5109. Le Grand Mogol (Audran).
5110. Faust (Gounod).
5111. La Juive (Halévy).
5112. Gillette de Narbonne (Bal des marionnettes) (Audran).
5113. Invitation à la valse (Weber).
5114. Mireille (Gounod).
5115. Les Mousquetaires de la Reine. (Halévy)
5116. La Muette de Portici (Auber).
5117. La Mascotte (Audran).
5118. Guillaume Tell (Rossini).
5119. Martha (Flotow).
5121. Lohengrin (Wagner).
5122. Le Voyage en Chine (Bazin).
5123. Miss Helyett (Audran).
5124. La Norma (Bellini).
5125. Les Noces de Jeannette (Massé).
5126. Noces des Marionnettes (Turin)
5127. La Navarraise (Massenet).
5128. La Paloma.
5129. Le Prophète (Meyerbeer).
5130. Le Petit Duc (Lecocq).
5131. Pas des Marionnettes.
5132. Rigoletto (Quatuor) (Verdi).
5133. Reine de Chypre (Halévy).
5134. Roméo et Juliette (Gounod).
5135. Robert-le-Diable (Meyerbeer).
5136. Sémiramis (Rossini).
5137. Sérénade hongroise (Joncières)
5138. Scènes hongroises (Massenet).
5139. Suite algérienne (Saint-Saëns).
5140. Scènes napolitaines (Sellenick).
5141. Sur le lac (Rêverie). -
5142. Sur la montagne.

Le Phonographe aux Chevaux de bois

Le son joyeux de cette mélodie
Fait oublier l'orgue de Barbarie.

Indiquer exactement le numéro des cylindres.

5143. La Traviata (Verdi).
5144. Le Trouvère (Verdi).
5145. La Troyenne (Massenet).
5146. La Timbale d'argent (Offenbach)
5147. Tannhauser (Wagner).
5148. Si j'étais roi (Adam).

5149. Grand air du Chalet (Adam).
5150. Duo du Chalet (Adam).
5151. Rigoletto : Comme la plume au vent (Verdi).
5152. Le Carnaval de Venise (Génin).

MARCHES DE CONCERT

5350. Athalie (Mendelssohn).
5351. Algérienne (Saint-Saëns).
5352. Aïda (Verdi).
5353. David (Strobl).
5354. Damnation de Faust (Berlioz).
5355. Jeanne d'Arc (Gounod).
5356. Fatinitza (Suppé).
5357. Mes adieux à la Hongrie (Farbach).
5358. Marche Turque (Mozart).

5359. Marche Parisienne.
5360. 1re Marche aux flambeaux.
5362. 2e   —   (Meyerbeer)
5363. 3e   —   —
5364. 4e   —   —
5365. Marche Persane (Strauss).
5366. Marche de Rodolphe (Gung'l).
5367. Reine de Saba (Gounod).
5368. Schiller (Meyerbeer).
5369. Troyenne (Berlioz).

MUSIQUE RELIGIEUSE

6000. Andante religieux.
6001. Andante de la Symphonie en sol (Haydn).
6002. Adagio de la Sonate pathétique (Beethoven).
6003. Chœur de Judas Machabée (Haendel).
6004. Adiago (Beethoven).

6006. Pâques (Mendelsshon).
6007. Noël   do
6008. Prière du matin (Kling).
6009. Stabat Mater (Blancheteau).
6010. Prière de Moïse (Mozart).
6011. O salutaris (Lefèvre).
6012. Agnus Dei   do

Le Phonographe à la Trappe

Le Phonographe peut suppléer le lecteur,
Il sait bien sa leçon et parle avec lenteur.

Indiquer exactement le numéro des cylindres.

MARCHES MILITAIRES

6020. Aux armes (Bosc).
6021. A l'Est, veillez! (Arnoux).
6022. Compiégnois (X...).
6023. Chanson de fantassin (Perlat).
6024. Cadets de Russie (Sellenick).
6025. Corsaire (Beer).
6026. Coco.
6028. En vacance.
6029. En liesse (Turin).
6030. En avant (Menzel).
6031. En bon ordre (Petit).
6032. El Picador (Génin).
6033. Chanson de route.
6034. En revenant de la revue.
6035. Farfadet (Sellenick).
6036. Fives-Lille (Sellenick).
6037. Fringant (Sellenick).
6038. Garde noble (Schramel).
6039. Garde mobile (Fabre).
6040. Le Géant (Robert).
6041. Honneur aux braves (Durieu).
6042. Le Héros (Suzanne).
6043. Joyeux fantassin (Goucytes).
6044. Le Lorrain (Leroux).
6045. Lisieux (Signard).
6046. Léopold II (Christophe).
6048. Lune de miel (Rosey).
6049. Le Défilé de la Garde (Wettge).
6050. Le Père la Victoire.
6052. Les Pupilles de la marine.

6054. Marche des drapeaux (Sellenick).
6055. Marche des Mousquetaires (Konnemann).
6056. Marche des cochers viennois (Neidpart).
6057. Malakoff (Breptaut).
6058. Marche Lorraine (Ganne).
6059. — Russe (Ganne).
6060. — Viennoise.
6061. — Lilloise.
6062. — des Saint-Cyriens.
6063. — Indienne (Sellenick).
6064. — des Lycéens.
6065. Marche des Petits Pierrots.
6066. — Sempio Fidelis.
6067. — Cosaque.
6068. Parisienne.
6070. Salut à l'aigle russe.
6071. Serrons nos rangs.
6072. Salut à Copenhague.
6073. Sambre-et-Meuse.
6074. Valeur française.
6075. Pot-Pourri.
6076. Voltigeurs de la Garde.
6077. Vosgienne.
6078. Quand on a travaillé.
6079. Washington.
6080. Zouave.
6081. Marche asiatique.
6082. En Bourgogne.

Le Phonographe et la Musique militaire

Appliquez-vous, soldats, c'est pour la terre entière,
Que vous enregistrez cette marche guerrière.

Indiquer exactement le numéro des cylindres.

MARCHES AMÉRICAINES

7050. Washington Post.
7052. America.
7053. Centennial March.
7058. Liberty Bell March.
7059. King Cotton March.
7061. Mortons Cadets, March.
7062. La Manana (Chilian dance unique).
7068. Handicap March.
7070. Edison Polka.
7071. My Pretty Peggy (cornet-solo).
7072. The Directorate March.
7073. Chicago.
7074. Boston Commandery March
7075. The Bille of New-York March.
7076. Black American March.

7077. The Athlete March (By Prof. Fanciulli).
7078. Old Hickory March.
7079. Off to camp March.
7080. Picador March.
7081. Enquirer Club March.
7082. The Star Spangled Banner.
7084. Tandem Two Step.
7085. On the Seashore Waltz.
7086. Stars and Stripes Forever March.
7088. Victory Polka.
7089. Max Salabert.
7090. Danse du ventre.
7091. Rainbow Dance.

Plus besoin de savoir écrire

Le Phonographe au Soudan français

*Le Chef d'une tribu prononce le serment
D'observer le traité toujours loyalement.*

Indiquer exactement le numéro des cylindres.

MUSIQUE DE DANSES

GAVOTTES, MENUETS, PAVANES

7201. Cœur brisé (Tavan).
7202. Chanson arabe (Ranski).
7203. Chrysanthème (Grillet).
7205. Danse annamite (Maquet).
7206. Dans un rêve (Maquet).
7207. Dernier sommeil de la Vierge (Massenet).
7208. Divertissement militaire (Gung'l).
7209. Gavotte Ninon (Haring).
7210. — de Jeddor (Haring).
7211. — Watteau (Wetge).
7272. Menuet Bocherini (Bocherini).
7213. Madrigal François Ier (Ranski)
7214. Menuet Manon (Massenet)
7216. Pavane Louis XIII (Parès)
7217. — Louis XV (Tavan)

VALSES

7250. Valse du Tour du monde.
7251. Valse de Faust.
7253. Automne (Witmann).
7255. Autriche-Hongrie (Relèv-Béli).
7256. Les Alpes (Schmitt).
7259. Bonne année (Senée).
7262. Beau nuage (Maqueau).
7263. Chant du soldat.
7264. Chanteurs des bois.
7265. Crépuscule.
7266. Chants du crépuscule (Witmann).
7268. Eté (Witmann).
7269. Etincelle (Waldteufel).
7270. Etoile du soir.
7272. Estudiantina.
7273. Espana.
7274. Feuilles de matin.
7275. Floréa (Rœderer).
7276. Flots du Danube.
7277. Hésitation (Bucalossi).
7278. La Houssarde (Ganne).
7279. La Nuit (O. Métra).
7280. Le Beau Danube bleu (Strauss)
7281. La Gitana.
7282. Loin du bal.
7283. Le Roi malgré lui (Chabrier).
7284. Lune de miel (Waldteufel).
7285. L'Orient (Métra).
7286. Modestie (Waldteufel).
7287. Madame Boniface (Leroux).

Le Phonographe au Grand Hôtel

DÉPOSÉ

N'est-on pas mieux ici que dans un Casino ?
On entend chanter Faure et parler Cyrano.

Indiquer exactement le numéro des cylindres.

7290. Les pensées (Bakfort).
7291. La Neige (O. Métra).
7294. Près de toi (Waldteufel).
7295. Papillon bleu (Waldteufel).
7296. Rose du ciel.
7297. A Séville (Espagnol).
7298. Sur la montagne.
7299. Souvenir à Joseph Strauss (Farbach).

7300. Toast à l'Alsace.
7301. Toujours ou jamais (Waldteufel).
7302. Santiago (Corbin).
7304. Les Violettes.
7305. La Vague.
7308. Sérénade andalouse (Inghelbrecht).
7309. Rose mousse (Bosc).

SCHOTTISCHS

7551. Blanche de Castille (Bléger).
7553. Le Carillon (Corbin).
7555. Patrie (Lamothe).

7556. Petits pierrots (Corbin).
7558. Perruche et Perroquet (Corbin)

POLKAS

7801. Bagatelle (Waldteufel).
7803. Les Bohémiens (Waldteufel).
7804. Camarade (Waldteufel).
7805. Les Clowns (O. Métra).
7806. Châteaux en Espagne (Waldteufel).
7807. La Cinquantaine (Waldteufel).
7808. En garde (Waldteufel).
7809. L'Esprit français (Waldteufel)
7811. Estudiantina (O. Métra).
7812. L'Etincelle (O. Métra).
7813. En tramway (Coquelet).
7814. El Coreo (Corbin).
7815. L'Enclume (Diaz).
7817. Les Forgerons (Bléger).
7818. London Polka (O. Métra).
7819. Le Verre en main (Ph. Farbach).
7820. Les Marionnettes (O. Métra).

7821. Moulinet-Polka (Strauss).
7823. Pour les Bambins (Farbach).
7824. Promenade-Polka (O. Métra).
7825. Polka des Masques (J. Strauss).
7826. Polka des Officiers.
7827. Retour du Printemps (J. Schinder).
7828. Tout à la joie (Farbach).
7829. Tararaboum de ay (Desormes).
7830. Original (Lafitte).
7831. Qu'en dira-t-on?
7832. Polka des Veinards (G. Arlier).
7833. Polka des Fêtards (Dousergue).
7834. Quand même (Maquarre).
7835. Got et got (Vasseur).
7836. Petite mère (Maquarre).
7837. Colinette (Galle).

Le Phonographe au Bal de Famille

Oui, nous dansons ici les valses de Métra,
Avec le même entrain qu'au splendide Opéra.

Indiquer exactement le numéro des cylindres.

MAZURKAS

7900. La Bohémienne (O. Métra).
7902. La Czarine (Ganne).
7904. Eventail (Kleing).
7905. Fumée de cigarette (Wittmann)
7906. Fleurs d'antan (Signard).
7909. Illusions (Mouziaux).
7912. La Mousmé.
7913. Les Enfants terribles.
7914. La Néva (O. Métra).

7915. L'Oubli (Gazilles).
7916. Murmures de la source (Farbach).
7917. Nuit d'octobre (Choquart).
7918. Petite fleur (E. Traut).
7919. Patins et fourrures.
7920. Stella (Sibillot).
7924. Une Soirée au bord du lac.
7925. La Violette bleue (Strauss).

QUADRILLES

7950. A la campagne (O. Métra).
7951. Barberousse (O. Métra).
7952. Bravo Toro (Corbin).
7954. Coquelicot (O. Métra).
7955. La Camargo (O. Métra).
7958. Cronstadt (Pivet).
7959. Bouton d'Or (Witmann).
7960. Gaillard d'avant (O. Métra).
7961. Carmen (Bizet).
7962. La Mascotte (Audran).
7963. Orphée aux Enfers (Hervé).

7964. Tout feu, tout flamme (Corbin).
7966. Le Petit duc.
7967. Singe vert (O. Métra).
7968. La Cruche cassée (Vasseur).
7969. Fanfan-la-Tulipe (O. Métra).
7970. La Fille de Madame Angot (Offenbach).
7972. Le Jeu enfantin.
7973. Jacques Bonhomme.
7974. John Bull.

QUADRILLES DES LANCIERS

8000. Lanciers de la Closerie.
8003. Lanciers Anglais (O. Métra).

8004. Lanciers Blancs (Muliot).

PAS DE QUATRE

8020. Born Danse (l'Originale).

8021. Royalty.

GALOPS

8030. Champagne (O. Métra).
8031. Express (Blancheteau).
8033. Galop japonais (O. Métra).

8034. En congé (O. Métra).
8035. Vif argent (Strauss).
8036. Furioso (Corbin).

Le Phonographe dans les Missions

Le Phonographe excite le sauvage,
Lui fait entendre un merveilleux tapage.

Indiquer exactement le numéro des cylindres.

SOLOS DE CORNET A PISTON
avec accompagnement de piano

AIRS D'OPÉRA

8050. Le Barbier de Séville.
8051. Le Bijou perdu.
8052. Les Dragons de Villars.
8053. Ernani.
8054. L'Etoile du Nord.
8055. L'Elezire d'Amore.
8056. La Fille du Régiment.
8057. François les bas bleus.
8058. La Fille du Tambour-Major.
8059. La Favorite.
8060. Fra Diavolo.
8061. La Fille de Madame Angot.
8062. Le Grand Mogol.
8063. Guillaume Tell.
8064. Galathée.
8065. Giroflé-Girofla.
8066. Les Huguenots.
8067. Jérusalem.
8068. La Muette de Portici.

8069. La Mascotte.
8070. Martha.
8071. Mignon.
8072. La Norma.
8073. Les Noces de Jeannette.
8074. Le Pré-aux-Clercs.
8075. Le Prophète.
8076. Le Petit Duc.
8077. La Prière de Moïse.
8078. La Prière de la Muette de Portici.
8079. Roméo et Juliette.
8080. Robert le Diable.
8081. Si j'étais Roi.
8082. Le Trouvère.
8083. La Traviata.
8084. Le Val d'Andorre.
8085. Sérénade Schubert.

Au Restaurant

Le Phonographe et l'Homme d'affaires

Tiens, c'est une bonne affaire :
En sortant j'irai la faire !

Indiquer exactement le numéro des cylindres.

AIRS DIVERS

8102. El Crociato.
8103. La Tyrolienne.
8104. La Muette de Portici.
8105. Le Carnaval de Venise.
8106. Les Rameaux.
8107. All right.

8108. La Vie parisienne.
8109. Pas de Quatre.
8110. Santiago.
8111. Les Lanciers.
8112. L'OEil crevé.
8113. La Vague.

POLKAS

8151. Après la guerre (Marie).
8152. Lune de miel (Marie).
8153. L'étoile d'Angleterre (Lamothe)
8154. Belle étoile.
8155. Madeleine (Petit).
8157. La Motengote (Sellenick).
8158. Paye tes dettes (Pillevestre).
8159. Odette (Labet).

8160. Pluie de Perles (Goueytes).
8161. Rigoletto (Witmann).
8162. L'Écho des concerts (Ziégler).
8163. Hop, hop (Ziégler).
8164. Le Palais-Royal (Moreau).
8165. Le Feu follet (Sellenick).
8166. Les Sauterelles (Goueytes).

Il ne sera plus nécessaire d'aller au théâtre

Le Phonographe en Famille

Quel doux moment pour la famille.
Sur tous les fronts la gaîté brille.

Indiquer exactement le numéro des cylindres.

DUOS DE CORNET A PISTON

8201. Coup double (Sambin).
8202. Frères d'armes (Corbin).
8203. Frétillon (Desormes).
8204. Les deux amis.
8205. All right.
8206. Après la guerre.
8207. Les deux Lafleurance (Mayeur).
8208. Cornette (Pique).

8209. Cécilia (Saint-André).
8210. Deux chimères (Labit).
8211. Tandem (Sambia).
8212. Triplette (Maquet).
8215. Merle et Pinson.
8216. Le Rhône et la Saône.
8217. Jean qui rit, Jean qui pleure.

SOLOS DE TROMBONE

8250. Barbier de Séville (Rossini).
8251. Cloches de Corneville (Planquette).
8252. Faust (Gounod).
8253. Guillaume Tell (Rossini).
8254. Les Huguenots (Meyerbeer).
8255. Marche du Prophète (Meyerbeer).

8256. Marche funèbre de Chopin (Chopin).
8257. Romance irlandaise.
8258. Rigoletto (Verdi).
8259. Reine de Chypre (Halévy).
8260. La Traviata (Verdi).

Le Phonographe et le Hautbois

Mon hautbois veut aussi lui livrer ses secrets,
Et chanter de son mieux les airs les plus discrets.

Indiquer exactement le numéro des cylindres.

SOLOS DE CLARINETTE

AIRS VARIÉS

8300. Danse du ventre.
8301. Gentil babil.
8303. Miss Helyett (Audran).
8304. Premiers rayons.
8305. Polka des Cricris.
8306. Picolo.
8308. Souvenir de Saint-Privat.
8309. Rigoletto (accompagnement d'orchestre) (Verdi).
8310. Souvenir de ma Suzon.
8311. Berceuse de Jocelyn (Godard).
8312. Caprice polka (Pirouelle).
8313. Emma (Pirouelle).
8314. Au bord de la mer (Pirouelle).
8315. Guillaume Tell (Rossini).
8316. Le Lac (Favre).

8317. La Favorite (Donizetti).
8318. La Muette de Portici (Auber).
8319. Mignon (A. Thomas).
8321. Le Trouvère (Verdi).
8322. Mireille (Gounod).
8323. Massilia (Makoski).
8324. L'Oasis (Favre).
8325. Les Murmures de la Forêt (Weber).
8326. L'Hirondelle fugitive (Weber).
8327. Le Pré-aux-Clercs (Hérold).
8328. La Traviata (Verdi).
8329. Plainte du Ruisseau (Weber).
8330. Rigoletto (Verdi).
8331. Rêverie du soir (Weber).

Pour perpétuer le souvenir d'un grand talent

Le Phonographe et la Flûte

Le Phonographe aime beaucoup la flûte,
Cet air, tu sais comme on se le dispute.

Indiquer exactement le numéro des cylindres.

SOLOS DE FLUTE

avec accompagnement de piano

AIRS VARIÉS

8450. Bruxelles (Romain).
8451. Chardonneret (Géraud).
8452. Concert dans le feuillage.
8453. Le Colibri (Sellenick).
8454. La Route d'Alsace.
8455. Polka des Cricris (Maquet).
8456. Le Roitelet (Sallis).
8457. Gentil Babil (Suzanne).
8458. Philomèle (Peilat).
8459. Guillaumette (Farigoul).
8460. Ronde polka (Baillon).
8461. La Flourence (Mayeno).
8462. Le Merle blanc (Damacé).
8463. La Tourterelle (Damacé).
8464. Picolo polka (Damacé).
8465. L'Hirondelle (Duverges).
8466. Miss Alouette (Pillevestre).
8467. Mimi Pinson (Pillevestre).
8468. Rondo (Dayon).

8469. Saltarelli (Dayon).
8470. Tanit (Coquelin).
8471. La Petite Fauvette (Damacé).
8472. Rossignol (Rou).
8473. Valse du rossignol (Julien).
8474. L'Alouette.
8475. La Babillarde.
8476. La Flûte enchantée.
8477. L'Oiseau bleu.
8478. Fifrolinette.
8479. La Fauvette.
8480. Pinson et Fauvette.
8481. La Fauvette des bois.
8482. Le Carnaval de Venise.
8483. Faust (Valse).
8484. Guillaume Tell (Valse).
8485. Espana (Valse).
8486. La Traviata.
8487. Mignon.

On le verra partout !

Le Phonographe au Bar populaire

C'est charmant, c'est parfait, buvons à la santé
Des artistes nombreux de la Maison Pathé.

Indiquer exactement le numéro des cylindres.

SOLOS DE VIOLON

avec accompagnement de piano

8550. Fantaisie hongroise.
8551. Sérénade de Schubert.
8552. Valse du Trouvère.
8553. Valse de la Traviata,
8554. Valse de Faust.
8555. Valse de Loin du bal.
8556. Gavotte de Mignon.
8557. Mazurka de Wicmasky.
8558. Danse hongroise de Brahms.
8559. Danse macabre de Saint-Saëns.
8560. Fantaisie sur Faust.
8561. Fantaisie sur le Trouvère.
8562. Fantaisie sur Obéron.
8563. Fantaisie sur Don Juan.
8564. Fantaisie sur l'Etoile du Nord.
8565. Fantaisie sur les Noces de Jeannette.

8566. Fantaisie sur la Muette de Portici.
8567. Fantaisie sur Guillaume Tell.
8568. Fantaisie sur le Barbier de Séville.
8569. Fantaisie sur Rigoletto.
8570. Fantaisie sur la Traviata.
8571. Fantaisie sur Martha.
8572. Fantaisie sur Lucie de Lamermoor.
8573. Fantaisie sur la Favorite.
8574. Le Pré aux Clercs.
8575. Ave Maria de Gounod.
8576. Scène de ballet de Bériot.
8577. Menuet de Quintette de Boccherini.

Le Phonographe et le Violoniste

Tu vas jouer la valse de Mignon.
C'est un morceau de douce émotion.

Indiquer exactement lé numéro des cylindres.

MUSIQUE POUR MANDOLINES

8650. Mazentini Marche.
8651. Retraite espagnole.
8652. Marche de Cadix.
8653. La Gran via.

8654. Marche de Frascuello.
8655. La Giralda.
8657. Pizzicati de Léo Delibes.

XYLOPHONE

Plusieurs airs.

Le Phonographe et le Xylophoniste

DÉPOSÉ

Au son du Xylophone,
Tout vibre et tout résonne.

Indiquer exactement le numéro des cylindres.

MUSIQUE POUR TROMPES DE CHASSE

SOLOS

8700. Le réveil. — La marche de la vénerie. — Arrivée au rendez-vous. — Le terrier du renard.

8701. Le débouché. — La vue. — Le vol de l'Est. — Les calèches des dames. — La 4e tête.

8702. Le loup. — La plaine. — Le changement de forêt. — La retraite prise.

8703. Le chevreuil. — Le bat-l'eau. — La boiteuse.

8704. La royale. — Les honneurs du pied. — Le retour de la chasse. — La rentrée des princes au château.

8705. Le dix-cors jeunement. — Les animaux en compagnie. — L'hallali sur pied. — L'hallali par terre.

8706. La Saint-Hubert. — La retraite de grâce. — Les adieux de Paimpout.

8707. La rentrée au chenil. — La coudée. — Les adieux des maîtres. — Le bonsoir des chasseurs.

8708. La biche au bois. — La d'Aubigny.

DUOS

8720. L'appel fanfare des maîtres. — La de l'Aigle. — La Chantilly. — La loge de Raboué.

8721. La curée. — Le départ du rendez-vous. — Le lancé. — La biche.

8722. Le chevreuil de Bourgogne. — Le daguet. — Les plaisirs de la chasse. — L'arrivée au rendez-vous.

8723. Les joyeux veneurs. — La Dauvet. — La Louvart. — La 3e tête.

8724. — Les pleurs du cerf. — La Dampierre. — La 2e tête. — La Duquesnay.

8725. La Cambise. — La Tivoli. — Souvenirs de Mme la marquise de Champigny. — La Saint-Georges.

8726. Le bec de lièvre. — Le renard. — La Cabourg. — Adieux des piqueurs.

8727. Le daim. — La Champ-Rambeaux. — Rallye Persarc. — La d'Elva.

Le Phonographe au rendez-vous de Chasse

Désormais je pourrai me passer de piqueur,
Le Phonographe est bien compagnon du chasseur.

Indiquer exactement le numéro des cylindres.

TRIOS

8750. Rallye Bonnelles. — Rallye Vendée. — Rallye Beaure-cueil.
8751. La Delanos. — La Vernon. — La de la Porte.
8752. Rallye Ardennes. — La d'Or-léans. — La Chambray.
8753. La Dupuytren. — La reine des Landes. — Le bouquin.
8754. La d'Onsenbray. — La du-chesse de Chevreuse. — La d'Autichamp.
8755. Le lièvre. — La Lur-Saluces. — Le port de Chatou.
8756. Le point du jour. — Le rally bourbonnais.
8757. La François Joubert. — Le marquis de Champigny. — La rentrée au chenil.

QUATUORS

8780. Les souvenirs de Lavigne. — Le menuet de la reine.
8781. Souvenirs de Fleurines. — La Daubœuf.
8782. Le réveil de Lorraine.
8783. Le sportman.
8784. La Chabrillant (fantaisie).
8785. Souvenirs de la Celles-les-Bor-des. — La Cornu.
8786. Rallye Lorraine (pas redoublé).
8787. Le moulin de la Vierge.

Le Phonographe à la Fête annuelle

DÉPOSÉ.

Le Phonographe à notre fête
Apporte une gaîté parfaite.

Indiquer exactement le numéro des cylindres.

SONNERIES DE CAVALERIE

pour Trompettes

FANFARES DE TROMPETTES

8800. Le réveil. — A l'étendard. — Michel Strogoff.

8801. Marche des Radjahs. — Skobeleff. — La Retraite.

SONNERIES D'ORDONNANCES POUR TROMPETTES

8802. Le réveil. — L'appel. — Le pansage. — Le boute-selle — A cheval. — Ouverture du ban. — Fermeture du ban.

8803. La soupe. — Garde à vous. — Pied à terre. — Sabre en main. — Remettez le sabre. — Au pas. — Au trot. — Au galop.

8804. La charge. — L'exécution. — En avant. — Halte. — Demitour. — En retraite.

8805. — A droite. — A gauche. — Le ralliement. — La charge aux fourrageurs. — Le demi-appel.

8806. A l'ordre. — Aux officiers. — Aux fourriers. — Aux trompettes. — Aux maréchaux des logis chefs. — A l'étendard.

8807. La retraite. — L'extinction des feux. — Le rassemblement de la garde. — Visite des malades.

MARCHES

8850. Marches n° 1, 2 et 3.

8851. Marches n° 4, 5 et 6.

Le Phonographe à l'Auberge champêtre

Amis, laissons la bicyclette
Pour un petit air de trompette.

Indiquer exactement le numéro des cylindres.

SONNERIES D'INFANTERIE

pour Clairons

SONNERIES D'ORDONNANCES

8860. Le réveil. — Corvée de quartier. — Visite des malades. — Appel des tambours et clairons. — A l'exercice. — Appel de la garde. — Défilé de la garde.

8861. L'appel. — Au rapport. — Distribution des vivres. — Aux hommes punis. — La soupe. — L'extinction des feux.

8862. Garde à vous. — Baïonnette au canon. — Commencez le feu. — La charge. — Halte. — Cessez le feu. — Rassemblement.

8863. Au drapeau. — En avant. — En tirailleurs. — La générale. — A l'ordre. — Pas de charge. — Pas gymnastique. — Ralliement.

MARCHES POUR TAMBOURS & CLAIRONS

8900. N°s 1, 2, 3, 4. | 8901. N°s 5, 6, 7, 8. | 8902. N°s 9, 10, 11, 12.

En gare en attendant le train

Le Phonographe dans la Salle d'attente

Avec un Phonographe une salle d'attente
Devient un vrai concert d'une gaîté charmante.

Indiquer exactement le numéro des cylindres.

CYLINDRES ENREGISTRÉS

en Langues étrangères

L'enseignement des langues vivantes prenant chaque jour une plus grande extension dans les Familles et les Institutions, nous avons cru nous rendre utiles à nos jeunes clients et à leurs maîtres en faisant enregistrer quelques chants en Anglais, en Allemand, en Espagnol, en Italien et en Russe. Ces morceaux sont du meilleur choix.

MÉLODIES ANGLAISES

10016. Home sweet Home.
10017. Swanie River, or old folks at home.
10021. In the gloaming.
10023. Beautiful star.
10026. Wen the leaves begin to turn.
10027. Wen the swallows homeward fly.
10028. What is home without a mother.
10030. The mocking bird.
10032. Silver threads among the gold.

CHANTS NATIONAUX ET HYMNES ANGLAIS

10050. God save the Queen.
10051. Rule, Britannia.
10052. Star spangled banner.
10053. America or " My country " tis of thee.
10054. Yankee Doodle.
10055. Columbia " Red, White or Blue.
10056. Glory! Glory! Hallelujuah.
10057. Comarades.
10058. Dixie's land.
10059. Nearer my God to thee.

CHANTS DIVERS EN ANGLAIS

10080. Comin thro the rye.
10081. Auld Lang sync.
10082. Anie Laurie.
10110. The man that broke the bank at Monte-Carlo.
10111. I don't want to play in your yard.
10113. Over the hills.
10121. O mister Porter.
10129. Daisy bell.
10130. Porr old Joe.
10131. Peek a boo!

CHANSONS ALLEMANDES

13000. Die Wacht am Rhein.
13001. Der Trompeter von Säckingen
13004. Abschied, "So leb' denn wohl"
13007. Sommer's letzte Rose.
13009. Wenn die Schwalben wieder kommen.
13012. Wenn die Schwalben heimwärts ziehen.
13017. Hobel-Lied.
13018. Der kleine Rekrut.
13023. Haiden Röslein.

CHANSONS ESPAGNOLES

12000. Ay Chiquita.
12005. Imno Nacional Mexicano.
12007. La Paloma.
12008. Segun batian Loyola.
12014. Olé Sévilla.
12017. El canto del presidiaro.
12019. En las astas del toro.
12021. Lejos de mi tierra.
12028. A mi madre.
12029. Aragon.
12030. No existe (melodia).
12031. Confession que me muero.
12037. La Partida.
12038. Mi Partida.
12041. El despertar del alma.

12042. Recuerdos de Espana.
12044. Alborada.
12050. La Tempestad.
12052. Un adios.
12055. Nina Pancha (cancion americana).
12057. La Soledad de banquillo.
12061. Camarones... aya va.
12062. Flores de Andalucia.
12067. El marinero.
12073. Vive er Mosto.
12075. El bohemio.
12076. En Suenos.
12077. Solo tu.
12078. Melodia.

CHANSONS ITALIENNES

11002. La Bianchina.
11004. Più non tornó.
11005. Non è vero.
11010. Dormi pure.
11011. La mia bandiera.
11020. Musica proibita.
11022. Penso.

11025. Linda di Chamounix.
11028. Invocazione à Dio.
11031. Vorrei morire.
11032. La primavera.
10034. Le farfalle.
11040. La Traviata.
11049. Fausto.

CHANSONS EN LANGUE RUSSE

14002. Moscova.
14003. Le rossignol.
14005. Le passage du Volga.
14007. Le fleuve de la vie.

140015. Hymne national russe.
40016. Où allez-vous, mes jours de jeunesse.

AVIS

1° Ce répertoire de chants en langues étrangères sera complété ultérieurement.

2° La Société générale des **Phonographes, Cinématographes et Pellicules** recevra avec reconnaissance toute indication ou observation que les clients voudront bien lui adresser au sujet de morceaux qui ne seraient pas au répertoire et qui conviendraient spécialement aux Familles et aux Institutions, tels que : romances, chansonnettes, poésies, etc.

3° Nous recevrons également avec plaisir toute communication au sujet de chansons ou de textes appartenant aux idiomes suivants : *Provençal, Basque, Breton, Languedocien, etc.*

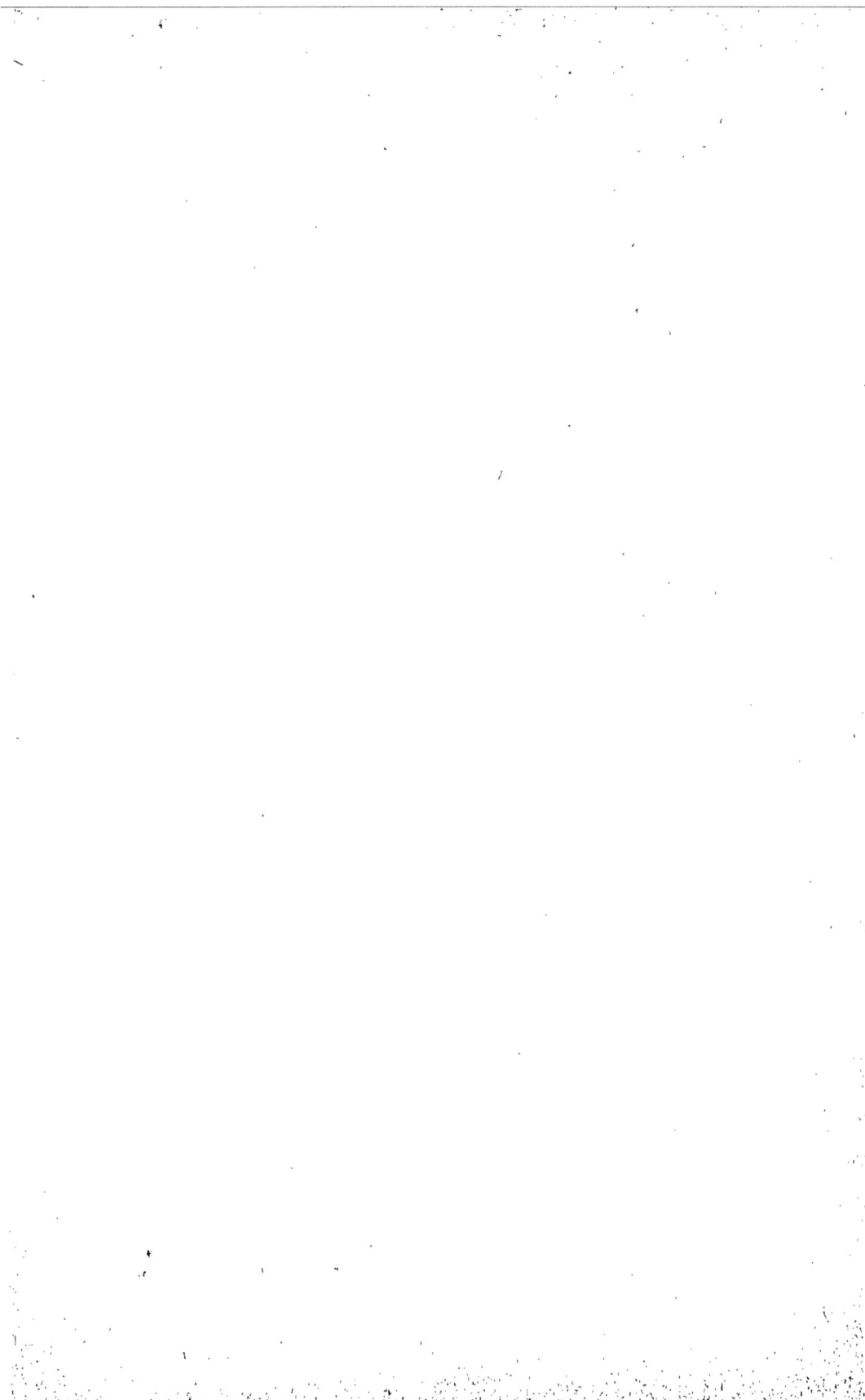

Table du Répertoire

DEMANDER LE PRIX-COURANT N° 1

SUPPLÉMENT AU CATALOGUE

DERNIÈRE CRÉATION!

Le " STENTOR ", le roi des Phonographes :

APPAREIL FRANÇAIS D'UNE PUISSANCE EXTRAORDINAIRE

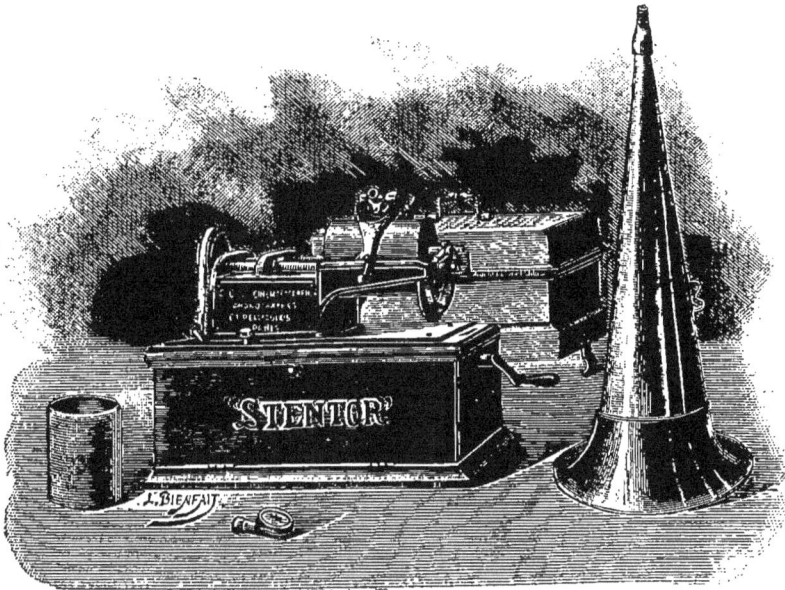

L. BIENFAIT

Le " STENTOR "

Prix : 1.500 Francs

COMPRENANT .

Un appareil avec sa boîte ;
Un diaphragme enregistreur ;
Un diaphragme reproducteur ;
Un pavillon pour enregistrer et reproduire ;
Un outil à raboter les cylindres.

PRIX DES CYLINDRES EN BOITES FEUTRÉES :

Cylindres enregistrés. . . . . . . la pièce **25.** »
Cylindres vierges rabotés. . . . . . — **12.50**

Le " STENTOR "

Réjouissez-vous, jeunes gens des Institutions et des Cercles, car la science française vous offre aujourd'hui le plus riche et le plus merveilleux phonographe qui soit au monde !

Le " Stentor " justifie parfaitement son nom, car il est le seul appareil qui enregistre ou reproduise exactement la voix, l'air d'un instrument, un orchestre complet, les grandes orgues et tous les bruits de la nature, quant à la puissance et à la ressemblance absolues du son.

Le " Stentor " peut être très facilement entendu dans une salle de fêtes de *quatre mille* personnes. Nos séances du 31 janvier dernier à l'Académie de médecine, du 22 février au Grand Opéra, du 28 du même mois à l'Académie des sciences, provoquèrent le plus vif enthousiasme, lorsqu'après avoir entendu l'artiste enregistrer son chant, le public reconnut absolument la même voix, à l'audition phonographique.

Le " Stentor " est donc la première des machines parlantes ! Mais surtout c'est un *appareil français*, digne de trouver place dans les cabinets de physique des grands établissements scolaires; *Facultés de sciences, Lycées, Collèges, Pensionnats,* etc. Les œuvres de jeunesse : *Cercles, Associations amicales, Patronages* trouveront aussi dans le "Stentor" le plus noble auxiliaire de leurs séances ou fêtes artistiques.

AVIS IMPORTANT

Pour le " **STENTOR** " nous préparons un répertoire spécial de cylindres enregistrés par des personnalités très en vue, mais nous fournissons dès maintenant tout morceau de notre répertoire à l'usage des **Familles** et des **Institutions**.

" Le Robuste "

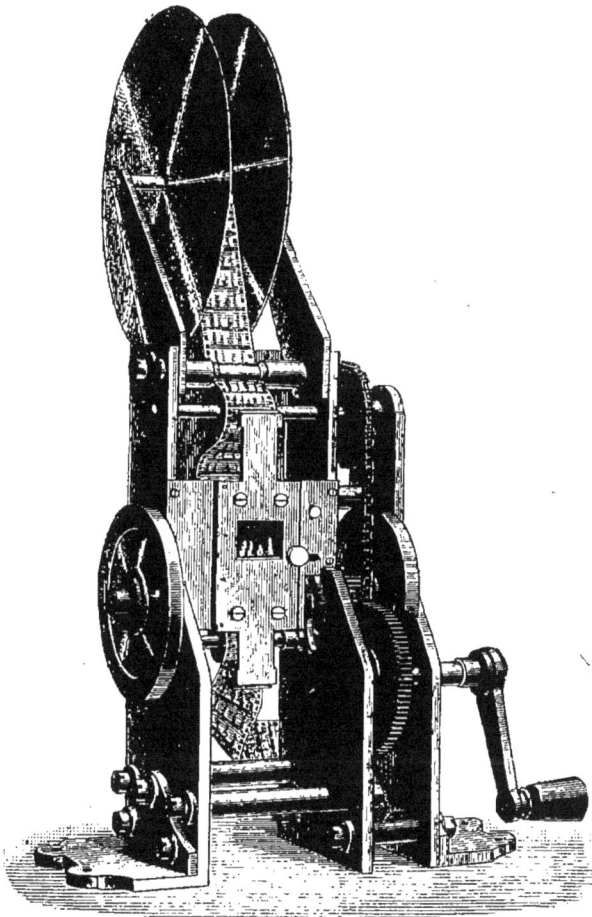

ACCESSOIRES DIVERS

Films ou Pellicules vierges, les 20 mètres perforés	**22** fr.
Lanterne de luxe complète	**250** —
Lanterne ordinaire complète	**200** —
Lanterne seule.	**65** —
Carburateur.	**135** —
Arc électrique.	**135** —
Condensateur	**18** —
Développement pour pellicule de 20 mètres	**5** —

Un opérateur est envoyé sur demande pour exécuter tous travaux de prises de vues ou de projections. On traite à forfait.

"LE ROBUSTE"

CINÉMATOGRAPHE SPÉCIAL A LA PROJECTION

Le seul appareil qui ne détériore pas les bandes ou films

Cet appareil d'un fonctionnement parfait se recommande par l'emploi rationnel des mouvements circulaires qui en font un modèle sûr, indéréglable et pouvant marcher à n'importe quelle vitesse sans altération dans son fonctionnement. Il ne détériore pas les bandes ; une pellicule passée une centaine de fois dans cet appareil est toujours très bonne.

La figure ci-devant représente l'appareil vu dans son ensemble.

Le mouvement est donné par une roue motrice et multiplié par un train d'engrenage, de façon à pouvoir obtenir un grand nombre d'images nécessaires à la liaison parfaite de tous les mouvements.

Le mouvement régulier, reçu par un pignon portant deux volants régulateurs, est transformé en mouvement intermittent du tambour par la fonction de deux pièces spéciales en acier qui constituent l'originalité de l'appareil.

CHARGEMENT DE L'APPAREIL

La pellicule enroulée convenablement, c'est-à-dire renversée, est placée sur la bobine se trouvant au sommet, son extrémité s'engage sur un tambour denté qui débite régulièrement la quantité nécessaire avant son passage dans l'appareil. La pellicule passe ensuite dans un couloir garni de velours au milieu duquel se trouve une fenêtre servant à encadrer l'image, ce couloir est muni de ressorts, de façon à faciliter le passage des soudures ou renflements de la pellicule sans la déchirer.

Immédiatement au-dessous du couloir existe le tambour entraîneur qui, par son mouvement de rotation intermittent combiné avec le passage des palettes de l'obturateur, produit l'arrêt de la vue dans le cadre et son déplacement au moment où l'obturateur se trouve fermé.

La pellicule quittant ce tambour tombe dans une corbeille disposée à cet effet.

Prix de l'Appareil : 800 francs

Prix de la Lanterne électrique : 250 francs

N. B. — Avoir soin de détendre légèrement la pellicule entre le premier tambour denté et le couloir. Mettre le plus exactement possible l'image dans le cadre. Mais comme il peut arriver que la perforation ne coïncide pas exactement, il faut se servir du petit cadre mobile en le manœuvrant à l'aide du petit levier placé au milieu et à droite de la fenêtre.

RÉPERTOIRE

DES

Sujets pour Cinématographes

A L'USAGE DES

FAMILLES ET INSTITUTIONS

VUES GÉNÉRALES (30 fr. la bande)

193. Cygnes sur un lac.
196. Enfant baignant un chat.
197. L'homme serpent.
199. Arrivée d'un train de plaisir.
200. Femmes de Bohême lavant leur linge.
202. Soudanais se baignant dans le Niger.
203. Jeunes gens plongeant en Seine.
204. Panorama vu de la portière d'un wagon.
205. Panorama des bords de la Seine, vu d'un bateau.
206. Panorama. Vue de l'arrivée d'un train.
207. La Place de la Madeleine.
208.   —   de la Bastille.
209.   —   de la République.
210.   —   de la Concorde.
211.   —   de l'Opéra.

212. Au Bois de Boulogne.
213. Bicyclistes arrivant au passage à niveau d'un train.
214. Concours de régates sur la Marne
214 *bis*. Au pont de Joinville.
215. Femmes de la campagne ramassant et brûlant des herbes.
216. Une sortie d'église en Bohême.
217. Une Noce en Bohême.
218. Danse Bohémienne.
219. Un déjeuner d'enfants.
220. Chien furieux.
221. La glissade au lac.
222. Société de patineurs.
223. Le pardon de Paimpol en Bretagne.
224. Un incendie dans une ville, arrivée des pompiers.
225. Pompiers mettant en batterie.
226. Pompier blessé dans l'incendie.

SCÈNES HISTORIQUES (30 fr. la bande)

227. La revue des troupes russes devant Félix Faure.
228. Arrivée de Félix Faure et de Nicolas II à l'inauguration du pont Troïtzky.

229. Entrée de Félix Faure à Saint-Pétersbourg.
230. L'Impératrice de Russie au bras de Félix Faure.
231. Régiment d'infanterie russe.
233. La Cour de Ménélick à Ankobos.

SCÈNES DE GENRE (30 fr. la bande)

235. Une danse russe.
238. Danses en Abyssinie.
240. La mort du Clairon, d'après Déroulède.
241. La mort du Porte-Drapeau, d'après Déroulède.
242. Un duel au sabre en Abyssinie.
247. Danse en costumes du temps de Louis XV.
249. Le professeur Gauthier coupant une tête.

250. Danse espagnole.
260. Grand défilé de bicyclettes à une fête de fleurs.
264. Course de taureaux en Espagne : Entrée du quadrille.
265. Course de taureaux en Espagne : Les banderilles et le coup de la chaise.
268. Au pont de Saint-Cloud.
271. Une exécution capitale à Berlin.
272. Le jongleur américain Yung.

SCÈNES COMIQUES (30 fr. la bande)

273. Joueurs de cartes arrosés.
274. Rigolard et Pleurnichard.
276. Les Floers (coup de hache).
277. Les Floers (sauts périlleux).
279. Dispute de cocher.
280. Farce de l'entonnoir.
288. Clowns musicaux (très humoristique).
289. Clowns excentriques.
290. Cyclistes excentriques américains.
292. Le marchand de pain d'épices.
294. Un vol à l'Américaine.

299. Scène de pugilat à la terrasse d'un café parisien.
300. Les colleurs d'affiches pendant la campagne électorale
304. Une bataille d'oreillers dans une famille anglaise.
306. Le passage à la couverture au régiment.
308. Nature excessivement violente.
313. Scène burlesque à table.
314. Le barbier fin de siècle (très
315. Le bain du garde-pêche.
318. Une arrestation au cabaret.

SCÈNES MILITAIRES (30 fr. la bande)

320. Les chasseurs de Vincennes.
321. Régiment d'infanterie.
322. Défilé des Saint-Cyriens.
323. Un régiment d'artillerie.
324. La garde républicaine à cheval.
327. Défilé d'un régiment russe.

329. Escrime à la baïonnette.
330. Sauts d'obstacles par les Dragons
331. Charge de Dragons espagnols.
332. Passage d'un cours d'eau par la cavalerie

SUJETS DIVERS (30 fr. la bande)

01. Jeux d'enfants et chats.
02. Bataille de neige par des soldats.
03. Combat de coqs.
04. Le singe voltigeur.
05. Jeu de Polo à bicyclette.
06. Dans la Grande roue de Paris (ascension).
07. Dans la Grande roue de Paris (descente).

08. Dragons abreuvant leurs chevaux
09. Chez le Dentiste.
010. Clowns américains, Henderson et Stanley.
011. Un marché en Espagne.
012. Une messe militaire en Espagne.
013. Tramway à Saïgon.
014. Les suites d'une dispute (transformations).

LES FUNÉRAILLES DE FÉLIX FAURE

(6 vues au prix de 250 francs).

1° La foule envahissant le chemin du cortège.
2° Les troupes devant le corbillard.
3° Les ambassades et délégations étrangères.

4° Généraux, amiraux et officiers supérieurs.
5° La haute magistrature.
6° Les Membres des diverses Académies.

Scènes de la Vie

ET DE

LA PASSION DU CHRIST

En 10 TABLEAUX, au prix de **350** fr.

~~~~~~~~~~~~~~

PREMIER TABLEAU
La Naissance.

DEUXIÈME ET TROISIÈME TABLEAU
La fuite en Egypte.

QUATRIÈME TABLEAU
Entrée à Jérusalem.

CINQUIÈME TABLEAU
Jésus au Mont des Oliviers.

SIXIÈME TABLEAU
Trahison de Judas (arrestation).

SEPTIÈME TABLEAU
Chemin de la Croix.

HUITIÈME TABLEAU
Mise en croix.

NEUVIÈME TABLEAU
Mort sur la croix.

DIXIÈME TABLEAU
Résurrection.

IMPRIMERIE E. PIGELET

BOULEVARD VOLTAIRE, 189-191. — PARIS

LES ÉTABLISSEMENTS

DE LA

COMPAGNIE GÉNÉRALE

DES

CINÉMATOGRAPHES

PHONOGRAPHES

ET

PELLICULES

sont les plus importants du genre en Europe ! ! !

Pendant les Vacances

Papa tu m'as promis un phonographe, achète-le moi à la

MAISON PATHÉ

98, rue Richelieu

PARIS